FORSCHUNGSBERICHTE DES LANDES NORDRHEIN-WESTFALEN

Herausgegeben
im Auftrage des Ministerpräsidenten Dr. Franz Meyers
von Staatssekretär Professor Dr. h. c. Dr. E. h. Leo Brandt

DK 620.17:691.14

Nr. 1051

cand. ing. Hartmut Bossel
cand. ing. Walter Heil
Dipl.-Ing. Alfred Puck

Deutsches Kunststoff-Institut Darmstadt

Festigkeit und Steifigkeit von Papierwaben bei Druck- und Schubbeanspruchung

Als Manuskript gedruckt

WESTDEUTSCHER VERLAG / KÖLN UND OPLADEN

1962

ISBN 978-3-663-03645-6   ISBN 978-3-663-04834-3 (eBook)
DOI 10.1007/978-3-663-04834-3

G l i e d e r u n g

Seite

Bezeichnungen 5

1. Einführung 9
   1.1 Schalenbauweisen 9
   1.2 Ausführungsformen kontinuierlich gestützter Schalenkonstruktionen 9
   1.3 Einsatzmöglichkeiten von Papierwaben als Stützstoff in tragenden Schalenkonstruktionen 10

2. Grundsätzlicher Aufbau von Papierwaben 11
   2.1 Herstellung 11
   2.2 Raumgewicht 12

3. Forderungen an Stützstoffe im Hinblick auf ihre Anwendung zur Stabilisierung von Schalenbauteilen 14
   3.1 Allgemeine Anforderungen 14
   3.2 Spezielle mechanische Eigenschaften 16
   3.3 Bewertung von Stützstoffen 19

4. Ziel dieser Arbeit 20

5. Versuchsprogramm 21

6. Papieruntersuchungen 23

7. Festlegung der Probenformen für die Versuche an Waben . 26
   7.1 Probenform für Druckversuche 26
   7.2 Probenform für Schubversuche 29

8. Versuchsdurchführung 32
   8.1 Versuchseinrichtung 32
   8.2 Auswertung der Messungen 33

9. Ergebnisse 37
   9.1 Ergebnisse der Druckversuche 37
   9.2 Ergebnisse der Schubversuche 51
   9.3 Anwendbarkeit der Ergebnisse der vorliegenden Untersuchung für statische Berechnungen 59
   9.4 Vergleich der mechanischen Eigenschaften der untersuchten Papierwaben mit denen anderer Stützstoffe . 61

Seite

10. Beispiel für die Anwendung der Ergebnisse 67
11. Zusammenfassung 69
Literaturverzeichnis 71

Bezeichnungen

B . . . . Breite der Wabenprobe beim Schubversuch

C . . . . Konstante, durch Zellform bestimmt

C_1, C_2 . . . . Konstanten

d . . . . Breite der Doppelwand einer Wabenzelle

$d_{Entwurf}$ . . . . Entwurfsmaß für die Breite der Doppelwand einer Wabenzelle

$\Delta d = d - d_{Entwurf}$ . . . . Abweichung der Breite der Doppelwand vom Entwurfsmaß

D . . . . Länge der Diagonale der Schubprobe

ΔD . . . . Änderung der Diagonalenlänge D infolge einer Kraftänderung ΔP

e . . . . Breite der Einfachwand einer Wabenzelle

$e_{Entwurf}$ . . . . Entwurfsmaß für die Breite der Einfachwand einer Wabenzelle

$\Delta e = e - e_{Entwurf}$ . . . . Abweichung der Breite der Einfachwand vom Entwurfsmaß

E . . . . Elastizitätsmodul

$E_{\parallel}$ . . . . Elastizitätsmodul des Papieres bei Zugbeanspruchung parallel zur Hauptfaserrichtung

$E_{\perp}$ . . . . Elastizitätsmodul des Papieres bei Zugbeanspruchung senkrecht zur Hauptfaserrichtung (in der Papierebene)

E_d . . . . Elastizitätsmodul der Wabe bei Druckbeanspruchung in Zellachsrichtung

$E_{d_{Folie}}$ . . . . Elastizitätsmodul des Folienwerkstoffes bei Druckbeanspruchung in der Folienebene

E_{Folie} . . . . Elastizitätsmodul der Folie bei Biegebeanspruchung

E_{th} . . . . Höchstmöglicher Elastizitätsmodul der Wabe (theoretisch)

F_{Folie} . . . . Stirnquerschnitt der in einer Wabenprobe enthaltenen Folie

F_{Wabe}	Querschnittsfläche einer Wabenprobe
g	Gewicht einer Wabenprobe
G_{Folie}	Schubmodul des Folienwerkstoffes
G_l	Schubmodul der Wabe bei Längs-Schubbelastung
G_q	Schubmodul der Wabe bei Quer-Schubbelastung
h	Höhe der Wabenprobe beim Druckversuch
Δh	Änderung der Probenhöhe h infolge einer Kraftänderung ΔP
H	Höhe der Wabenprobe beim Schubversuch
k	Beulfaktor
K	Kennwert (Gütewert)
l	tatsächliche Länge der in einer Welle enthaltenen Folie
l_p	Länge der Projektion der Wellenkurve auf die ursprüngliche Folienrichtung
L	Länge der Wabenprobe beim Schubversuch
P	Bruchlast einer Wabenprobe (Höchstlast)
ΔP	Kraftänderung
$q = t \cdot \gamma$	Gewicht je Flächeneinheit der Folie
r	Raumgewicht
s	Schlüsselweite der regelmäßigen Sechseckwabe
t	Foliendicke
w	Wellenhöhe
x	Harzgehalt
y	Zahl der in einer Probe vereinigten Doppel-Y-Elemente

$$\alpha = \left(\sigma_{Beul_{Folie}} \Big/ \sigma_{d_{Folie}} \right)^{2/5}$$

γ . . . . spezifisches Gewicht des Folienwerkstoffes

ε . . . . Dehnung

ϑ . . . . Expansionswinkel

$\frac{1}{\nu}$ . . . . Poisson'sche Konstante des Folienwerkstoffes

σ . . . . Spannung

σ_{Beul} . . . . Beulspannung (Spannung, bei der Beulung eintritt)

σ_d . . . . Druckfestigkeit der Wabe

$\sigma_{d_{Folie}}$ . . . . Druckfestigkeit des Folienwerkstoffes (Beanspruchung in der Folienebene)

σ_D . . . . Druckspannung in den Deckschichten

σ_H . . . . Druckspannung in der Schalenhaut

$\sigma_{P_{Folie}}$ . . . . Proportionalitätsgrenze des Folienwerkstoffes bei Druckbeanspruchung in der Folienebene

σ_Z . . . . Zugfestigkeit

$\sigma_{Z\|}$ . . . . Zugfestigkeit des Papieres bei Beanspruchung parallel zur Hauptfaserrichtung

$\sigma_{Z\perp}$ . . . . Zugfestigkeit des Papieres bei Beanspruchung senkrecht zur Hauptfaserrichtung (in der Papierebene)

τ . . . . Schubspannung

τ_{Folie} . . . . Schubfestigkeit des Folienwerkstoffes

τ_l . . . . Schubfestigkeit der Wabe bei Längs-Schubbeanspruchung

τ_q . . . . Schubfestigkeit der Wabe bei Quer-Schubbeanspruchung

$\varphi = \frac{l}{l_P}$ . . . . Formparameter

1. Einführung

1.1 Schalenbauweisen

Im Leichtbau werden häufig mit Vorteil Schalenbauweisen angewandt, d.h. die Kräfte werden nicht in kompakten Bauelementen konzentriert, sondern weitgehend über großflächige Werkstoffpartieen verteilt, die nahe der Außenkontur des Bauteiles gelegen sind oder diese selbst bilden. Die Steigerung der Werkstoff-Festigkeiten ermöglicht sehr dünnwandige Schalenkonstruktionen, soweit es durch besonders konstruktive Maßnahmen gelingt, die neben Zugspannungen fast in allen Bauteilen in der Ebene der Schalenhaut auftretenden Druck- und Schubspannungen zu beherrschen. Entscheidenden Einfluß auf die übertragbare Druckspannung in einer Schale (Schub kann als eine zusammengesetzte Beanspruchung gleich großer, senkrecht zueinander wirkender Druck- und Zugspannungen betrachtet werden) hat die Biegesteifigkeit der Schalenhaut. Diese wurde in manchen Konstruktionen durch Vernieten, Verschweißen, Verlöten oder Verkleben von Versteifungsprofilen mit der Schalenhaut erhöht; jedoch lagen die bei Erschöpfung der Tragfähigkeit solcher Konstruktionen erreichten mittleren Druckspannungen in den meisten Fällen weit unter der Druckfestigkeit oder der Fließgrenze des Werkstoffes.

Neuerdings verwendet man statt Versteifungsprofilen vorteilhaft kontinuierliche Stützungen durch Wabenstoffe oder poröse Leichtstoffe und erreicht damit höchste Ausnutzung des tragenden Werkstoffes. Bei günstiger Werkstoffkombination und sorgfältiger Dimensionierung sowie einer Gestaltung der Bauteile, die alle speziellen Eigenschaften der Werkstoffe berücksichtigt, kann die Druckfestigkeit oder Fließgrenze des tragenden Schalenwerkstoffes erreicht werden, ohne daß vorher Beulung eintritt. Diese Formhaltigkeit auch unter Belastung ist häufig ein wesentlicher Gesichtspunkt bei der Wahl einer Bauweise, insbesondere im Flugzeugbau, wo die Forderungen nach aerodynamisch hochwertiger Oberfläche und Profiltreue ständig weiter verschärft worden sind.

1.2 Ausführungsformen kontinuierlich gestützter Schalenkonstruktionen

Zwei mögliche Ausführungsformen von Schalenbauweisen mit kontinuierlicher Stützung sind schematisch in Abbildung 1 dargestellt:

a) stützstoffgefüllte Schale
b) Sandwichschale

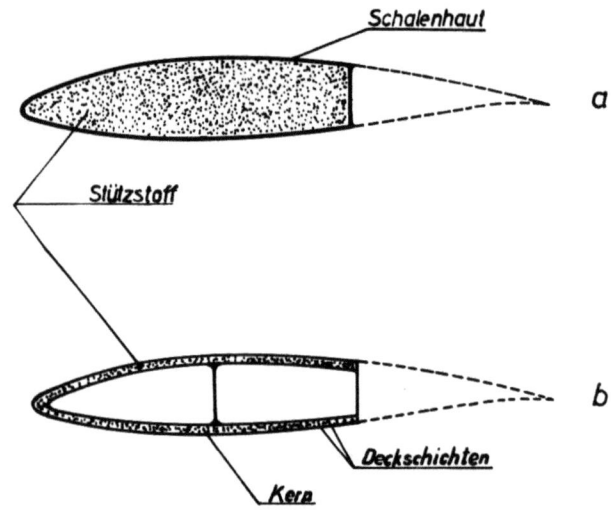

Abbildung 1
Mögliche Ausführungsformen von Schalenbauweisen
a) Stützstoffgefüllte Schale b) Sandwichschale

Eine Schalenkonstruktion gemäß Abbildung 1a ist besonders einfach in ihrem Aufbau. Falls hochwertiger Leichtbau gefordert ist, kann sie jedoch nur dann angewandt werden, wenn das Gewicht des Stützstoffs, der in diesem Fall das ganze Innenvolum der tragenden Schale ausfüllt, im Vergleich zum Gesamtgewicht des Bauteiles klein gehalten werden kann.

Bei der Sandwichbauweise (Abb. 1b), die bereits in vielen Industriezweigen Eingang gefunden hat [1], wird die geforderte Biegesteifigkeit der Schalenhaut dadurch erreicht, daß der tragende Werkstoff in zwei Einzelhäute (Deckschichten) aufgeteilt wird, die durch Einfügen einer Leichtstoffzwischenlage (Kern) auf vergrößerten Abstand gebracht werden.

Jede der beiden skizzierten Schalenbauweisen stellt spezielle Anforderungen an den Stützstoff, die in der vorliegenden Untersuchung berücksichtigt werden.

1.3 Einsatzmöglichkeiten von Papierwaben als Stützstoff in tragenden Schalenkonstruktionen

Bei der Auswahl des Stützstoffes spielen neben den Kennwerten für

Leichtbaugüte (vgl. Abschnitt 3.3) technologische und wirtschaftliche Gesichtspunkte oft eine entscheidende Rolle. Wie aus den wenigen veröffentlichten Untersuchungen an Papierwaben ersichtlich ist, weisen diese relativ hohe Festigkeiten und Steifigkeiten bei kleinen Raumgewichten auf [2, 3, 4]. Außerdem sind Papierwaben preisgünstig [5] und lassen sich einfach verarbeiten.

Auf Grund der bisher bekannt gewordenen Ergebnisse darf angenommen werden, daß Papierwaben in Kombination mit Deckschichten mittlerer bis hoher Festigkeit überall dort für Leichtbauzwecke vorteilhaft eingesetzt werden können, wo es möglich ist, schädigende Umwelteinflüsse, insbesondere Feuchtigkeitseinwirkung, weitgehend auszuschalten und wo keine harten Schlagbeanspruchungen sowie keine ungewöhnlichen thermischen Beanspruchungen zu erwarten sind.

2. Grundsätzlicher Aufbau von Papierwaben

2.1 Herstellung

Die untersuchten Papierwaben bestehen aus miteinander verklebten gewellten Bahnen verhältnismäßig dünnen Natronkraftpapiers. Da auch die meisten Wabentypen aus anderen Werkstoffen grundsätzlich aus solchen gewellten, dünnen Werkstoffbahnen bestehen, wird in dieser Arbeit für solche Bahnen der allgemeine Begriff "Folie" verwandt.

Die Herstellung der Papierwaben geht nach folgendem Prinzip in drei Arbeitsgängen vor sich (vgl. Abb. 2):
1. Mehrere Folien aus phenolharzgetränktem Natronkraftpapier (vorkondensierter Zustand) werden mit versetzt angeordneten Leimstreifen beschichtet und mittels dieser Leimauftragung zu einem streifenweise verklebten Folienblock zusammengefügt (Abb. 2a).
2. Der Folienblock wird senkrecht zur Folienebene auf ein größeres Volum expandiert, dabei entstehen sechseckige Zellen (Abb. 2b). Als ein Maß für den Grad der Expansion möge der Winkel ϑ dienen, der sich zwischen den Grenzen $0°$ und $90°$ bewegen kann und im folgenden als "Expansionswinkel" bezeichnet wird.
3. Durch Heißluft wird das im getränkten Papier enthaltene Phenolharz gehärtet und damit der Wabenblock im expandierten Zustand fixiert.

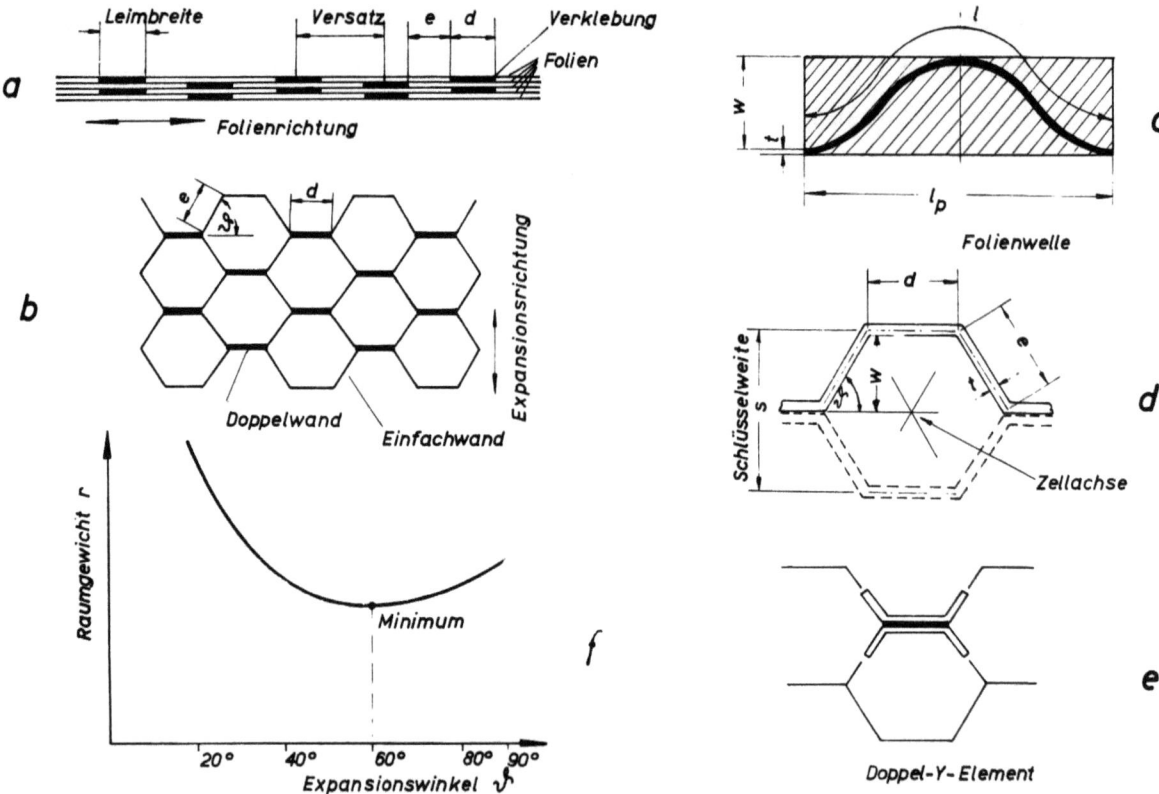

Abbildung 2

Grundsätzlicher Aufbau von Wabenstoffen bei Herstellung im Expansionsverfahren
a) streifenweise verklebter Folienblock, b) expandierter Folienblock, c,d,e) Grundelemente, f) Abhängigkeit des Raumgewichts gleichseitiger Sechseckwaben vom Expansionswinkel

Durch den Aufbau des Wabenstoffes aus stellenweise miteinander verklebten Folien entstehen "Doppelwände" und "Einfachwände", deren Breiten d und e je nach Breite und Versatzmaß der Leimstreifen unterschiedlich sein können (vgl. Abb. 2a und b).

2.2 Raumgewicht

Als Grundelement einer aus Folien aufgebauten Wabe kann eine "Folienwelle" betrachtet werden. Im allgemeinen Fall ist die Form einer solchen Welle eine beliebige Kurve (Abb. 2c).

Wie aus der Abbildung abzulesen ist, ergibt sich das Raumgewicht r eines Wabenkörpers, wenn man vom praktisch vernachlässigbaren Klebstoffgewicht absieht, folgendermaßen:

$$r = \frac{l \cdot t \cdot \gamma}{l_p \cdot (w+t)} \quad ; \text{ für kleine Raumgewichte } (t \ll w): \quad \boxed{r \approx \frac{l}{l_p} \cdot \frac{t}{w} \gamma = \varphi \cdot \frac{t}{w} \cdot \gamma} \qquad (1)$$

Hierin sind

l = tatsächliche Länge der in einer Welle enthaltenen Folie

l_p = Länge der Projektion der Wellenkurve auf die ursprüngliche Folienrichtung

$\varphi = \frac{l}{l_p}$, Formparameter

w = Wellenhöhe

t = Foliendicke

γ = spezifisches Gewicht des Folienwerkstoffes

Für Sechseckwaben ergibt sich daraus mit den Bezeichnungen der Abbildung 2d:

$$r = \frac{1 + \frac{e}{d}}{1 + \frac{e}{d} \cdot \cos\vartheta} \cdot \frac{t}{e \cdot \sin\vartheta + t} \cdot \gamma \qquad (1a)$$

Für kleine Raumgewichte ($r \ll \gamma$) gilt in guter Näherung:

$$r \approx \frac{1 + \frac{e}{d}}{(1 + \frac{e}{d} \cos\vartheta) \sin\vartheta} \cdot \frac{t}{e} \cdot \gamma \quad ; \quad (\text{vgl. Abb. 2f})$$

Für regelmäßige Sechseckwaben (Abb. 2d) mit $e = d$ und $\vartheta = 60°$ folgt daraus:

$$\boxed{r \approx \frac{8}{3} \cdot \frac{q}{s} = \frac{8}{3} \cdot \frac{t}{s} \cdot \gamma} \qquad (1b)$$

mit $q = t \cdot \gamma$ = Gewicht der Folie je Flächeneinheit
s = Schlüsselweite der Wabe.

Das Raumgewicht der Wabe wird also bestimmt durch die Umrißform der Zelle, das spezifische Gewicht des Folienwerkstoffes und das <u>Verhältnis</u> von Foliendicke zu Zellgröße. (Die Zellgröße kann beispielsweise durch die Schlüsselweite s gekennzeichnet werden.) Es ist also möglich, bei Verwendung desselben Folienwerkstoffes gleiche Wabenraumgewichte durch entsprechende Wahl der Folienstärke mit verschiedenen Zellgrößen zu verwirklichen.

3. Forderungen an Stützstoffe im Hinblick auf ihre Anwendung zur Stabilisierung von Schalenbauteilen

3.1 Allgemeine Anforderungen

In der Regel hat in einer Verbundkonstruktion der Stützstoff die Aufgabe, die dünnen Schalenhäute aus relativ hochfestem Werkstoff so auszusteifen oder abzustützen, daß diese die Belastungen des Bauteiles ertragen können, d.h. der Stützstoff soll das Ausbeulen der Schalenhaut vor Erreichen einer bestimmten Beanspruchung verhindern. Um ausreichende Stützkräfte auf die Schalenhaut ausüben zu können, muß der Stützstoff über genügende Steifigkeit und Festigkeit verfügen und außerdem eine feste Verbindung zwischen Stützstoff und Haut ermöglichen, die in den meisten Fällen durch Verklebung hergestellt wird.

Die Erzielung einer festen Klebverbindung zwischen Schalenhäuten und Waben-Stützstoffen ist ein besonders schwieriges technologisches Problem, da der Gesamtquerschnitt der Stirnflächen der Wabenzellwände nur einen kleinen Bruchteil der Oberfläche der mit ihnen zu verklebenden Schalenhaut ausmacht, z.B. bei den in dieser Arbeit untersuchten Papierwaben je nach Raumgewicht 1 bis 8 %.

Eine ausreichende Haftfestigkeit wird nur durch die Ausbildung von Klebstoffwülsten in Hohlkehlenform (Abb. 3a) an den Berührungslinien von Wabenzellwänden und Schalenhaut erreicht. Die effektive Verklebungsfläche wird also umso größer, je mehr Hohlkehlen pro Flächeneinheit sich ausbilden können, d.h. je kleiner die Zellen sind. Ferner wird die Ausbildung von Hohlkehlen selbst durch die Zellgröße beeinflußt. Der Klebstoff wird meist in gleichmäßiger Schichtdicke auf die Schalenhaut aufgebracht. Wird diese mit den Stirnflächen der Wabenzellen in Berührung gebracht, so wandert der Klebstoff infolge von Adhäsionskräften vorzugsweise zu den Wabenzellwänden und sammelt sich dort in Form einer Hohlkehle. Wenn der Zelldurchmesser der Waben jedoch zu groß ist, fließt ein größerer Teil des Klebstoffes nicht zu den Zellwänden, sondern verbleibt über der Zellöffnung (Abb. 3b, c) und trägt dort zur Festigkeit der Klebverbindung nicht bei.

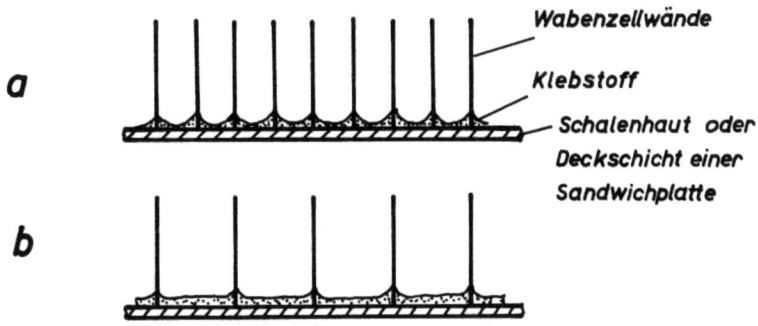

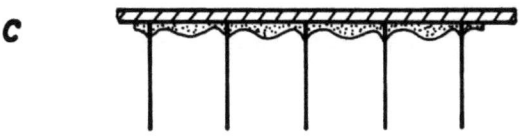

Abbildung 3
Beobachtete Formen der Ausbildung von Klebstoffwülsten
an den Rändern von Waben kleiner (a) und großer (b, c)
Zellweite

In besonderer Schärfe tritt dieses Verklebungsproblem bei der stützstoffgefüllten Schale nach Abbildung 1a in Erscheinung. Da Wabenstoffe die zur Verhinderung des kurzwelligen Beulens (Knittern) benötigten Steifigkeiten und Festigkeiten bereits bei relativ sehr kleinen Raumgewichten aufweisen, wird die Anwendung dieser Bauweise selbst für Bauteile mit einem verhältnismäßig großen Innenvolum möglich, wie beispielsweise Tragflächen für einsitzige Segelflugzeuge. Die besondere Schwierigkeit dieser Bauweise ergab sich jedoch bisher daraus, daß die benötigten kleinen Waben-Raumgewichte üblicherweise durch relativ große Zellen verwirklicht wurden.

Neben der dadurch bedingten Erschwerung der Verklebung spricht noch gegen die Anwendung großer Zellen folgender Sachverhalt:
Wenn das Hautfeld, das die Öffnung einer Wabenzelle überspannt, eine bestimmte Größe überschreitet, kann dieses unter der Einwirkung von Druck- oder Schubspannungen <u>zwischen</u> den abstützenden Zellrändern beulen. Die Gefahr dieser örtlichen Beulung <u>zwischen</u> den Zellwänden ist besonders groß bei dünnen Schalen.

Aus diesen Betrachtungen resultiert der Wunsch des Konstrukteurs, eine Wabe zu erhalten, die die geforderten mechanischen Eigenschaften
1. bei kleinem Raumgewicht
   und
2. bei kleiner Zellweite
   erreicht.

Da im Vergleich zu den sonstigen gebräuchlichen Wabenwerkstoffen (verstärkte Kunststoffe, Aluminium und Stahl) Natronkraftpapier das kleinste spezifische Gewicht aufweist, müßte es mit diesem Werkstoff möglich sein, Waben mit relativ kleinem Raumgewicht bei kleinen Zellabmessungen herzustellen. Die mechanischen Eigenschaften derartiger Waben aus sehr dünnen Papieren waren ein wichtiger Gegenstand der vorliegenden Untersuchung.

3.2 Spezielle mechanische Eigenschaften

Die folgende Betrachtung soll zunächst ganz allgemein für Stützstoffe mit beliebiger Struktur gelten. Die für die Stabilisierungsfähigkeit des Stützstoffes maßgebenden Eigenschaften sind bestimmten Richtungen und Ebenen zugeordnet, die sich aus der Richtung der Druckspannung in der Schalenhaut ergeben. Damit hängen diese Vorzugsrichtungen und Ebenen letzten Endes mit der Art der Beanspruchung des Bauteiles zusammen.

Wenn an einer kontinuierlich gestützten Schalenhaut unter Druckspannungen in ihrer Ebene die Tendenz zum kurzwelligen Ausbeulen (Knittern) vorhanden ist, treten im Stützstoff Zug- bzw. Druckkräfte senkrecht zur Berührungsfläche von Haut und Stützstoff auf, außerdem Schubkräfte in noch näher zu kennzeichnenden Stützstoffebenen (Abb. 4.1).

Um dem Knittern wirksam begegnen zu können, muß deshalb der Stützstoff bestimmte Mindestwerte folgender mechanischer Eigenschaften aufweisen (vgl. Abb. 4):
a) Elastizitätsmodul und Festigkeit bei Zug- und Druckbeanspruchung senkrecht zur Schalenhaut [vgl. a in Abb. 4.2]
b) Schubmodul und Schubfestigkeit bei einer Schubbeanspruchung, die einen Schiebungswinkel in den Ebenen des Stützstoffes hervorruft, welche durch die Richtung der primären Druckspannungen σ_H in der

Schalenhaut (aus der Beanspruchung des Bauteiles) und Senkrechten zur Schalenhaut bestimmt werden [vgl. b in Abb. 4.2].

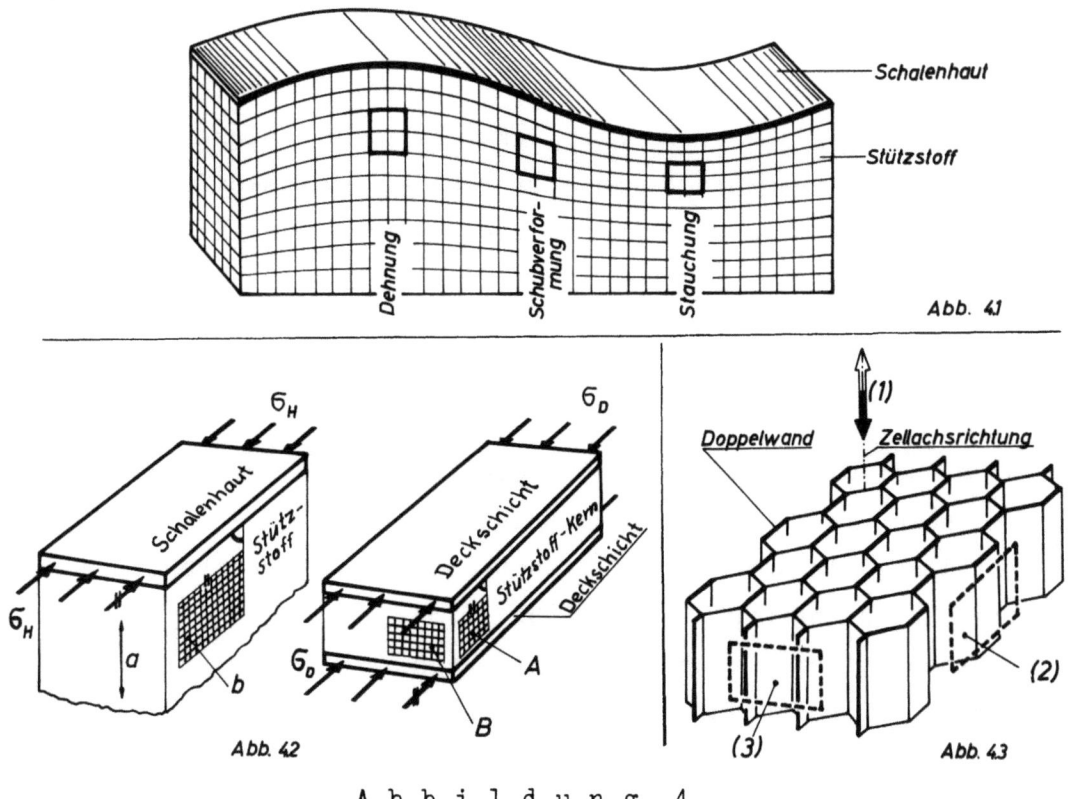

Abbildung 4

Beanspruchungs-Richtungen und - Ebenen für Stützstoffe

4.1 Deformationen im Stützstoff beim Knittern der Schalenhaut

4.2 links: Ausschnitt aus einer stützstoffgefüllten Schale; rechts: Ausschnitt aus einer Sandwichschale

4.3 Ausschnitt aus einem Stützstoff mit Wabenstruktur

Auch an den Deckschichten eines Sandwichbauteiles kann Knittern auftreten. Normalerweise ist hier das Knittern aber bereits deshalb mit einem hohen Sicherheitsfaktor ausgeschaltet, weil man einen Kern mit hohen Steifigkeiten und Festigkeiten einbauen muß, um das langwellige Beulen (Knicken) des Sandwiches als Ganzes zu verhindern.

Das Beulen einer Sandwichplatte wird maßgeblich durch folgende Größen des Stützstoffes bestimmt:

A) Schubmodul und Schubfestigkeit wie bereits unter b) definiert [vgl. A in Abb. 4.2]
und

B) Schubmodul und Schubfestigkeit bei einer Schubbeanspruchung, die einen Schiebungswinkel in den Ebenen des Stützstoffes hervorruft, die senkrecht zu den primären Druckspannungen σ_D (aus der Bauteilbeanspruchung) der Deckschichten stehen [vgl. B in Abb. 4.2].

Aus dieser allgemeinen Betrachtung folgt, daß ein Stützstoff keineswegs in allen Richtungen gleich hohe Steifigkeiten und Festigkeiten aufzuweisen braucht. Die ausgeprägte Anisotropie der Stützstoffe mit Wabenstruktur stellt eine Anpassung an die speziellen, an Stützstoffe gestellten Forderungen dar. Der Konstrukteur wird daher bei der Anwendung von Wabenstoffen immer versuchen, durch entsprechende Einbauart die Anisotropie möglichst vorteilhaft auszunutzen.

Mit Rücksicht auf die Anisotropie und die im allgemeinen übliche Einbauart sind also von Wabenstoffen zu bestimmen:

1. Elastizitätsmoduln und Festigkeiten bei Zug- und Druckbeanspruchung in Zellachsrichtung [vgl. (1) in Abb. 4.3].
   Da bei Wabenstoffen die genannten Eigenschaften bei Druckbeanspruchung niedriger gefunden werden als bei Zugbeanspruchung (vgl. Tab. 1), genügt im allgemeinen die Kenntnis des Druck-Elastizitätsmoduls E_d und der Druckfestigkeit σ_d, denn in Stabilitätsrechnungen gehen jeweils die kleineren Werte ein.
2. Längsschubmodul G_l und Längsschubfestigkeit τ_l bei Schubbeanspruchung, die einen Schiebungswinkel in Ebenen parallel zu den Doppelwänden hervorruft [vgl. (2) in Abb. 4.3].
3. Querschubmodul G_q und Querschubfestigkeit τ_q bei Schubbeanspruchung mit Schubdeformationen in Ebenen gebildet durch Zellachsrichtung und Senkrechte zu den Doppelwänden [vgl. (3) in Abb. 4.3].

Gleichungen zur Berechnung der Schubmoduln für andere Belastungsrichtungen werden in [6] angegeben.

Tabelle 1

Mittelwerte für Druck- und Zugfestigkeiten von Papierwaben
(Stichprobenversuche)

	Wabentype 80/9,5				Wabentype 120/9,5	
	aus Lieferung I Härtung 5 Min. bei 150 °C	aus Lieferung I Härtung 12 Min. bei 150 °C	aus Lieferung II stark getränkt schwach gehärtet	Vergleichswert aus Hauptversuchsreihe	aus Lieferung II schwach getränkt schwach gehärtet	Vergleichswert aus Hauptversuchsreihe
Raumgewicht r [kp/m³]	26,4	25,6	27,9	24,1	30,5	31,9
Druckfestigkeit σ_d [kp/cm²]	4,9	5,1	6,7	4,6	9,1	7,5
Zugfestigkeit σ_z [kp/cm²]	9,4	7,9	11,3	---	17,4	---

3.3 Bewertung von Stützstoffen

Man kann die Eignung von Stützstoffen für Leichtbauzwecke exakt zahlenmäßig bewerten, wenn man Leichtbaugütewerte findet, die dem zu erwartenden Gewichtsaufwand bei Verwirklichung einer geforderten Stützstoffeigenschaft durch eine bestimmte Stützstoffart umgekehrt proportional sind (Gütewerte oder Kennwerte). Die erwünschte quantitativ richtige Aussage ist oft nur möglich durch die Verwendung von Kennwerten, die verschiedene Potenzen von mechanischen Größen und das Raumgewicht r des Stützstoffes enthalten. Ein solcher Kennwert K für Wabenstützstoffe, die in einer Schalenkonstruktion nach Abbildung 1a die Knitterspannung der Schalenhaut auf eine bestimmte Höhe bringen sollen, wäre beispielsweise mit den im Abschnitt 3.2 definierten Größen durch folgenden Ausdruck gegeben:

$$K = \frac{\sqrt[3]{E_d \cdot G_l}}{r} \qquad (2)$$

Will man jedoch von mehreren zur Wahl stehenden Stützstoffen nur die

Rangfolge ihrer "Leichtbaugüte" feststellen (ohne zahlenmäßig richtige Angabe), so genügt es, die auf das Raumgewicht r bezogenen mechanischen Eigenschaften, wie beispielsweise spezifische Festigkeiten σ_d/r; τ_l/r; τ_q/r und spezifische Moduln wie z.B. E_d/r; G_l/r und G_q/r zu kennen (Bezeichnungen nach Abschnitt 3.2). Je höher diese spezifischen mechanischen Eigenschaften sind, umso höher ist die "Leichtbaugüte", d.h. umso kleiner ist der durch den Stützstoff bedingte Gewichtsaufwand in der Konstruktion.

Da diese "spezifischen" Eigenschaften ebenso wie die Leichtbaugütewerte jedoch selten wirkliche Werkstoffkonstanten sind, sondern selbst wieder vom Raumgewicht abhängen, lassen sich umfassende Aussagen nur durch Darstellung der mechanischen Eigenschaften in Abhängigkeit vom Raumgewicht gewinnen.

Diese Darstellungsart wurde deshalb in dieser Arbeit bevorzugt.

4. Ziel dieser Arbeit

Da die mechanischen Eigenschaften von Papierwaben von sehr vielen Einflußgrößen abhängen, erlauben die wenigen bisher vorliegenden Veröffentlichungen auf diesem Gebiet noch kein endgültiges Urteil über die Einsatzmöglichkeit in tragenden Leichtbauelementen. Insbesondere lassen sich die an ausländischen Papierwabentypen gewonnenen Ergebnisse nicht ohne weiteres auf die seit einiger Zeit auch in Deutschland hergestellten Papierwaben übertragen.

Durch die vorliegende Arbeit sollten erste, orientierende Ergebnisse über die mechanischen Eigenschaften von "Stempel" - Waben [1] erbracht werden. Es wurde angestrebt, mit den Versuchen einen möglichst großen Raumgewichtsbereich abzudecken, um sowohl den für gefüllte Schalen (Abb. 1a) als auch den für Sandwichschalen (Abb. 1b) interessierenden Bereich zu erfassen. Dies konnte durch möglichst weitgehende Variation von Papierstärke und Zellengröße erreicht werden.

---

1. Hersteller D. Stempel AG, Frankfurt/Main

Wie bereits im Abschnitt 3.1 eingehend erläutert, erscheinen für die
Anwendung in "gefüllten Schalen" Wabentypen mit kleinen Raumgewichten
und kleiner Schlüsselweite besonders geeignet. Solche lassen sich aus
dünnen Papieren herstellen [2].

Wie durch einfache grundsätzliche Betrachtungen gefunden werden kann,
müssen die mechanischen Eigenschaften der Waben vom Raumgewicht abhängig
sein. So wird in verschiedenen Arbeiten [7, 8, 9, 10] ein leicht
progressives Ansteigen der Werte für die mechanischen Eigenschaften
mit zunehmenden Raumgewichten festgestellt. Die vorliegende Arbeit sollte
vor allem klären, ob für die untersuchten Papierwaben eine eindeutige
Zuordnung von mechanischen Eigenschaften und Raumgewicht besteht
(das Raumgewicht ist nach Gleichung (1) dem Verhältnis von Foliendicke
und Zellgröße proportional), oder ob die mechanischen Eigenschaften
außerdem von der gewählten Papierdicke und Zellgröße abhängen. Wenn
letzteres zutrifft, müssen sich optimale Wabenauslegungen angeben lassen.

5. Versuchsprogramm

Für die untersuchten Waben wurden Folienflächengewichte 60, 80, 120
und 200 p/m^2 (Gewicht einschließlich Harztränkung, vorkondensierter
Zustand) und Schlüsselweiten 6,4 mm (1/4 "), 9,5 mm (3/8 "), 12,7 mm
(1/2 ") und 19,1 mm (3/4 ") vorgesehen. Im folgenden werden zwei Zahlen
zur Kennzeichnung der jeweiligen Wabentype benutzt, die erste gibt
das Gewicht des getränkten Papieres je m^2, die zweite die Schlüsselweite
an. Der leichteste untersuchte Wabentyp erhält somit die Bezeichnung
60/19,1. Bei den gegebenen Kombinationsmöglichkeiten ließen sich
Waben mit Raumgewichten von etwa 8 bis 54 kp/m^3 herstellen.

Als Zellform wurde vom Wabenhersteller das regelmäßige Sechseck angestrebt,
d.h. die Breiten d der Doppelwände sollten gleich den Breiten
e der Einfachwände und der Expansionswinkel $\vartheta = 60°$ sein (vgl. Abb. 2d).

---

2. Sondertypen aus dünneren Papieren, als sie bisher in handelsüblichen
   Waben eingesetzt werden, wurden nach unseren Vorschlägen in dankenswerter
   Weise durch die D. Stempel AG zur Verfügung gestellt. Für die
   großzügige Förderung unserer Versuche danken wir insbesondere dem
   Leiter der Abteilung "Honigwaben", Herrn Ing. F. STRECK.

Diese im Entwurf vorgesehene Form wurde in der praktischen Ausführung
in leidlicher Näherung erreicht. Die Ergebnisse von Stichproben, bei
denen d und e gemessen wurde, enthält Tabelle 2. Über den Einfluß der
Zellform auf die Druckfestigkeit liegt eine amerikanische Arbeit vor
[11]. In dieser wurde an Waben mit einem Winkel $\vartheta = 45°$ das Verhältnis
d/e variiert. Aus den Messungen wird geschlossen, daß bei jedem belie-
bigen Raumgewicht diejenige Wabe die höchste spezifische Druckfestigkeit aufweist, bei der die Breite d der Doppelwand gegen Null geht, d.h.
bei der die Sechseckform in eine annähernd quadratische Form übergeht.
Die Annäherung an diesen Grenzfall kann natürlich nur so weit getrieben
werden, wie die damit einhergehende Verringerung der Leimbreite (vgl.
Abb. 2a und b) sich nicht nachteilig auswirkt.

Für alle Wabentypen sollten Festigkeit und Deformationsverhalten bei
Druckbeanspruchung in Zellachsrichtung sowie Längs- und Querschubbelastung (vgl. Abschnitt 3.2) untersucht werden.

Das zur Herstellung der Waben benutzte Papier war phenolharzgetränktes
Natronkraftpapier [3]. Das Rohpapier ist ein holzfreies, durch Beschich-
tung (15 bis 22%) schwach geleimtes Papier aus reiner, aufgeschlossener
Zellulose. Die Tränkung erfolgt mit alkoholgelöstem Phenolharz und soll
(25 ± 3) % des Fertiggewichtes (vorkondensierter Zustand), das ist
gleichbedeutend mit (33 ± 4) % des Rohgewichtes (Gewicht des ungeträn-
ten Papiers), betragen.

Durch den Herstellvorgang bedingt, weist das Papier eine Hauptfaserrichtung auf, die bei der Wabenherstellung in die Zellachsrichtung gelegt wird.

Für die Untersuchung des zur Wabenherstellung benutzten Ausgangsmateri-
als wurden von der D. Stempel AG Bahnen aus ungetränktem sowie geträn-
tem und gehärtetem Papier zur Verfügung gestellt. Die Härtung der Papiere erfolgte ebenso wie die der Waben während 7 bis 9 Minuten in einem
Durchlaufofen bei 150 bis 160 °C. Am Papier sollten Festigkeit und Deformationsverhalten bei Zugbeanspruchung ermittelt werden. Im Hinblick
auf die gefragten Wabeneigenschaften wären Druckversuche (Druckspan-

---

3. Hersteller: Ferrozell-Gesellschaft Sach & Co., Immingen bei Augsburg

nungen in der Papierebene) von größerem Interesse gewesen. Naturgemäß stehen aber dem Druckversuch an dünnen Schichten experimentelle Schwierigkeiten entgegen.

T a b e l l e 2

Mittlere relative Abweichung von der Entwurfsgröße der Breiten von Doppelwand (d) und Einfachwand (e) der untersuchten Waben (vgl. Abb. 2)

Nenn-Flächengewicht des getränkten Papieres [p/m²]	Schlüsselweite s (Entwurfsmaß)	6,4 mm (1/4 ")	9,5 mm (3/8 ")	12,7 mm (1/2 ")	19,1 mm (3/4 ")
	$(d = e)_{Entwurf}$ [mm]	3,66	5,55	7,33	11,0
60	$\Delta d/d_{Entwurf}$ [%]	+ 4,1	- 11,6	- 15,2	- 13,9
60	$\Delta e/e_{Entwurf}$ [%]	+ 3,8	+ 4,5	+ 24,7	+ 20,9
80	$\Delta d/d_{Entwurf}$ [%]	+ 23,5	- 4,5	- 16,2	- 28,1
80	$\Delta e/e_{Entwurf}$ [%]	- 3,3	+ 2,7	+ 13,2	+ 25,1
120	$\Delta d/d_{Entwurf}$ [%]	+ 12,0	- 16,0	- 16,8	- 19,1
120	$\Delta e/e_{Entwurf}$ [%]	+ 3,5	+ 18,0	+ 16,5	+ 15,3
200	$\Delta d/d_{Entwurf}$ [%]	nicht herstellbar	- 3,6	- 3,4	- 27,0
200	$\Delta e/e_{Entwurf}$ [%]		+ 10,7	+ 14,9	+ 28,9

6. Papieruntersuchungen

Alle Papieruntersuchungen fanden im Klimaraum des Instituts für Papierfabrikation an der Technischen Hochschule Darmstadt [4] bei 65% relati-

---

4. Dem Direktor des Instituts für Papierfabrikation, Herrn Prof. Dr.-Ing. W. BRECHT, danken wir dafür, daß er uns diese Messungen ermöglichte.

ver Luftfeuchtigkeit und 20 °C statt, nachdem die Proben dort bereits 24 Stunden in diesem Klima gelagert worden waren. Im Zugversuch wurden Spannungs-Dehnungsschaubilder an Papierstreifen aufgenommen [5]. Die Prüfung erfolgte parallel und senkrecht zur Hauptfaserrichtung des Papieres.

Einflüsse von Harztränkung und Prüfrichtung auf das elastische Verhalten des Papieres sind aus den in Abbildung 5 gezeigten Spannungs-Dehnungs-Schaubildern ersichtlich. Auf dem anfänglichen geraden Teil des Diagrammes zeigte sich bei allen Proben keine Hysterese. Sobald ein Abknicken der $\sigma - \varepsilon$ - Kurve auftritt, erscheint bei den ungetränkten Papieren eine deutliche Hysterese, bei den gehärteten jedoch nicht. Den höchsten E-Modul zeigt das getränkte und gehärtete Papier bei Zugbeanspruchung in Faserrichtung. Es verhält sich nahezu ideal elastisch bis zum Bruch. Durch die Harztränkung vergrößert sich die Wandstärke des Papieres um etwa 25%. Deshalb ergibt sich für das getränkte Papier bei Beanspruchung in Faserrichtung eine niedrigere Zugfestigkeit als für das ungetränkte Papier, obwohl die übertragbare Zugkraft je Einheit der Breite eines Papierstreifens durch die Harztränkung erhöht wird.

Die wichtigsten Meßwerte aus den Papieruntersuchungen sind in Abbildung 6 zusammengestellt.

Die Streuung der gemessenen E-Moduln ist gering (Variationskoeffizienten < 5%); die Zugfestigkeiten streuen z.T. stark (Variationskoeffizienten 5 bis 30%), besonders bei den dünnen Papieren. Diese sind wellig und weisen deshalb wahrscheinlich ungleichmäßige Spannungsverteilungen auf.

Für die untersuchten Papiere lag der Harzgehalt x nur in einem Fall (Rohpapiergewicht 60 p/m^2) etwas oberhalb des vorgeschriebenen Toleranzfeldes von (25 ± 3) %. Ein annähernd gleichartiger Verlauf zeigt sich für Harzgehalt x, spezifisches Gewicht γ und die E-Moduln ($E_\parallel$ für Belastung in Haupt-Faserrichtung und $E_\perp$ für Belastung senkrecht zur Haupt-Faserrichtung). Der Harzgehalt für 45 und 150 p/m^2 - Papier (Rohpapierflächengewicht) ist etwa gleich; das dünne Papier zeigt je-

---

5. Prüfgerät: Stress-strain-recorder des Swedish Forest Products Laboratory.

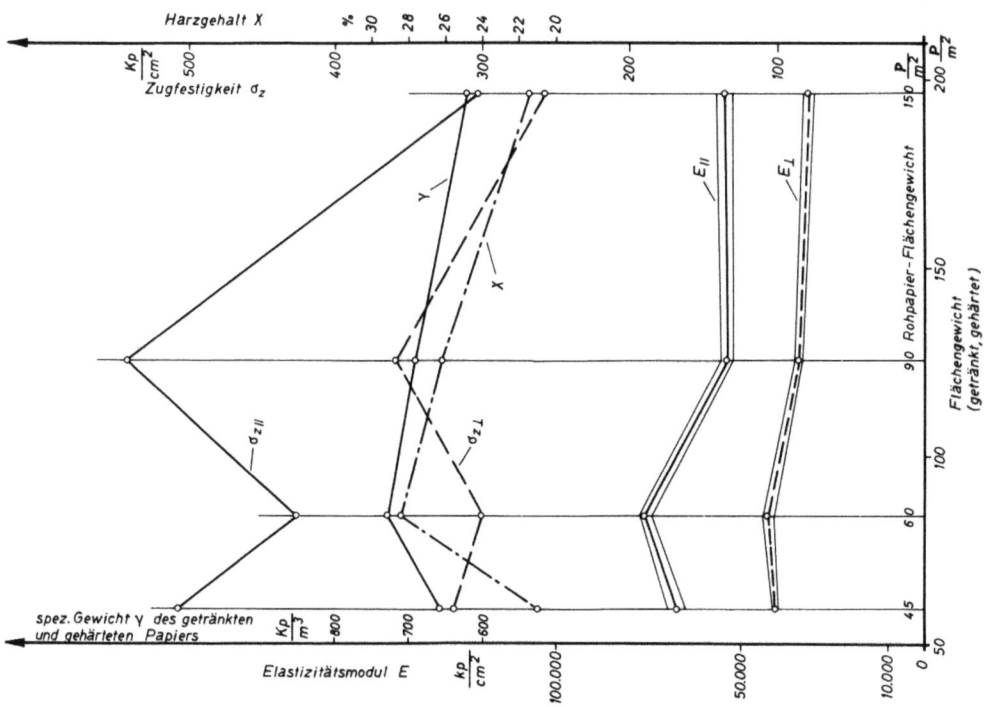

Abbildung 6

Harzgehalt, spez. Gewicht und mech. Eigenschaften bei Zugbeanspruchung von Natronkraftpapier in vier Folienstärken

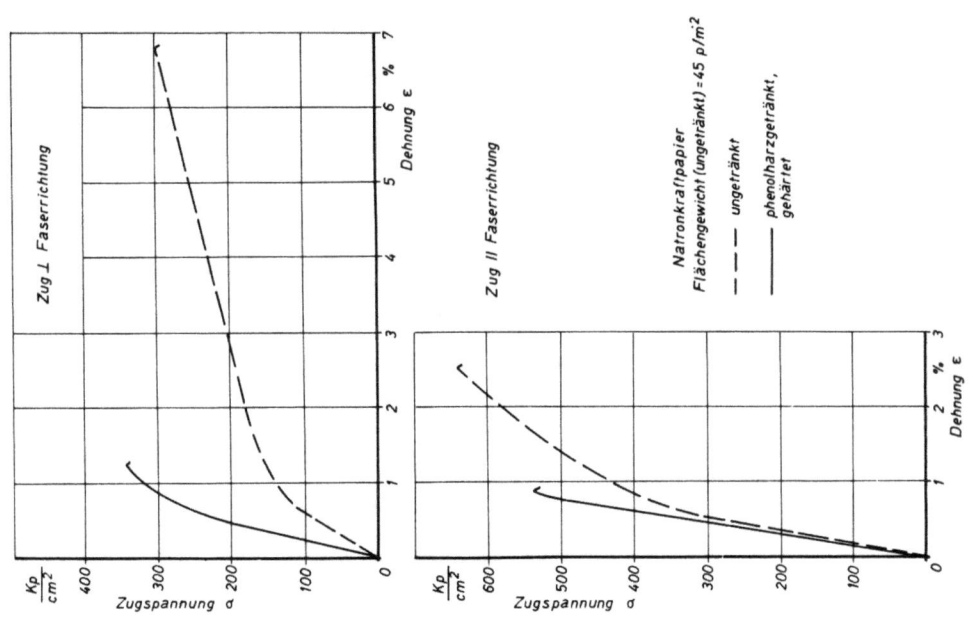

Abbildung 5

Spannungs-Dehnungs-Schaubilder für Natronkraftpapier

doch einen etwas höheren E-Modul. Offenbar wird die Wandstärke des
dünnen Papieres vollständig und gleichmäßig durchtränkt, während bei
dickem Papier die Harzlösung nicht bis ins Innere vordringt, so daß
sich harzreiche Außenschichten und ein weicher Kern ergeben. Auf Grund
dieses Verhaltens ist zu vermuten, daß Waben aus dünnem, vollständig
durchtränktem Papier etwas spröder und schlagempfindlicher sind als
solche aus dickerem Papier. Neben dem Harzgehalt hat wahrscheinlich
auch der Aushärtungsgrad einen Einfluß auf die Zugfestigkeit. Das
60 p/m^2 - Papier (Rohpapierflächengewicht) war am stärksten gehärtet,
was schon äußerlich an einer intensiven Braunfärbung zu erkennen war.
Die hieran gemessenen Festigkeiten liegen niedriger als nach den übrigen Messungen zu erwarten war, was entweder auf Versprödung durch
Überhärtung oder auf die Wirkung von kleinen Kerben, die teilweise
beim Schneiden der Proben entstanden, zurückzuführen ist.

7. Festlegung der Probenformen für die Versuche an Waben

7.1 Probenform für Druckversuche

Entsprechend der Verwendung der Waben als Stützstoff in Schalenbauteilen wurde die Prüfvorrichtung so ausgebildet, daß die zu prüfenden
Wabenproben mit ihren Zellöffnungen gegen Deckplatten (1 mm Duralblech) geklebt wurden. Eine solche Verklebung erhöht im allgemeinen
die gemessenen Festigkeiten und Moduln. Die Ränder von offenen, d.h.
nicht mit Deckplatten verklebten Wabenproben neigen nämlich im Druckversuch zum Umbördeln. (Die Druckfestigkeit von offenen Waben hat
beispielsweise Bedeutung für die Festlegung des zulässigen Pressdruckes beim Verkleben von Sandwichplatten unter Druck.) Als Klebstoff diente das Epoxydharz Araldit E mit Härter 943. Dünnflüssige
Kleber können in die Zellwände eindringen und an den Zellwänden emporsteigen. Damit verstärken sie die Waben in einem erheblichen Teil
ihrer Gesamthöhe. Um dies auszuschließen, wurde Aerosil als Füllstoff
in das Klebharz eingemischt; die Eindringtiefe konnte damit auf etwa
1 mm begrenzt werden (dasselbe gilt für die Schubproben). Um den Einfluß der Verklebungszone gering zu halten, war eine große Probenhöhe
erwünscht.

B.R. NOTON findet an Papierwaben eine starke Abhängigkeit der Festigkeiten und Moduln von der Probenhöhe [3]. Eine solche Abhängigkeit ist nicht ohne weiteres verständlich. Zur Frage dieser Höhen-Abhängigkeit muß nämlich folgendes diskutiert werden:

Wenn beispielsweise der Druckbruch der Wabe bedingt wäre durch Erschöpfung der Druckfestigkeit des Folienwerkstoffes, dürfte sich für die Waben-Druckfestigkeit keine Abhängigkeit von der Probenhöhe ergeben, abgesehen von der erwähnten verstärkenden Wirkung der Verklebung mit den Deckschichten.

Für den Fall, daß der Druckbruch der Waben durch das Beulen der Zellwände beherrscht wird, muß folgendes angenommen werden: Das Knicken der Wabenzelle als Ganzes ist durch gegenseitige Stützung der zu einem Wabenblock vereinigten Zellen verhindert. Die Zellachsen bleiben also gerade, während sich in den Zellwänden räumliche Ausbeulungen mit einer Halbwellenlänge ausbilden, die etwa gleich der Zellwandbreite ist (vgl. auch Abb. 17). Diese Beulfigur wiederholt sich periodisch über der ganzen Höhe der Zellwand. Wenn die Probenhöhe groß ist gegenüber der Halbwellenlänge der Beulung, so kann sich die Beulfigur praktisch unabhängig von der Höhe frei ausbilden. Dies bedeutet aber auch, daß die Beulung unabhängig von der Höhe immer bei der gleichen Belastung auftreten muß. Die in Abbildung 7 dargestellten Ergebnisse der Vorversuchsreihe "Druckfestigkeit bei Variation der Probenhöhe" kann als Bestätigung der Auffassung betrachtet werden, daß bei Höhen, die mehr als doppelt so groß sind wie die Breite der Zellwände, keine merkliche Abhängigkeit der Druckfestigkeit von der Höhe erwartet werden darf.

In der Beultheorie wird vorausgesetzt, daß die Kanten, in denen sich die Zellwände treffen, gerade bleiben und eine gewisse Stützwirkung auf die angrenzenden Zellwände ausüben. Am Rand eines Wabenblockes gibt es aber einige Zellwände mit einem freien Rand, deren Beulverhalten demnach ein anderes sein sollte als das der Wände einer vollständigen Zelle. Es muß zunächst auch angenommen werden, daß die Randzellen sogar teilweise ausknicken können, weil sie nicht allseitig durch Nachbarzellen gestützt sind.

Sowohl die Möglichkeit eines teilweisen Knickens als auch die eines veränderten Beulverhaltens lassen also einen Einfluß des Verhältnisses der Zahl der Randzellen zur Gesamtzellenzahl in einer Probe auf die

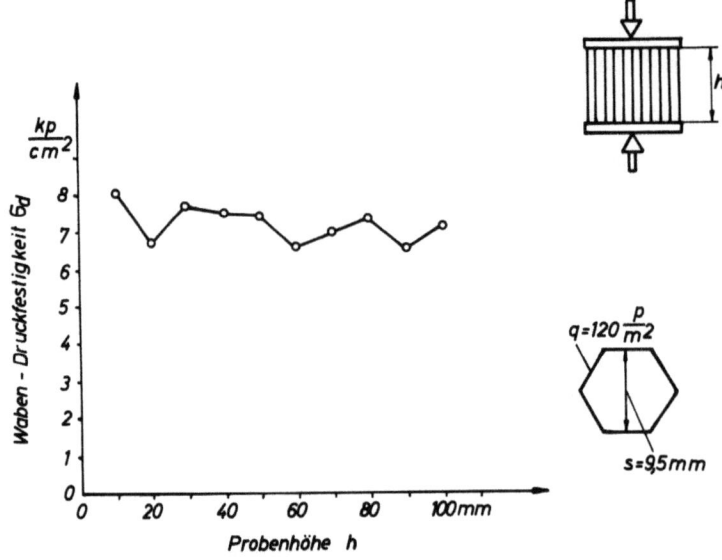

Abbildung 7

Gemessene Druckfestigkeiten von Papierwaben bei Variation der Probenhöhe. Eingetragen sind Mittelwerte aus je 3 Messungen

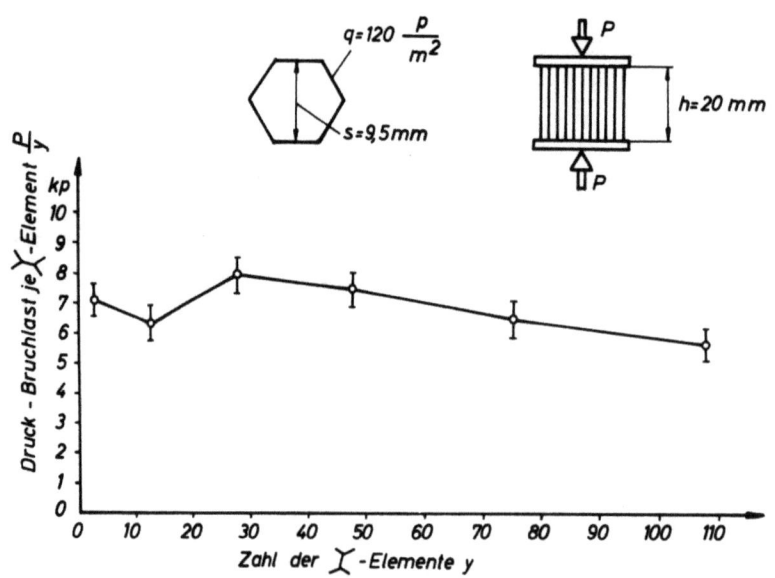

Abbildung 8

Gemessene Druck-Bruchlasten je Doppel-Y-Element bei Variation der Zahl der in einer Probe vereinigten Doppel-Y-Elemente. Eingetragen sind Mittelwerte und Standardabweichungen aus je 20 Messungen

Druckfestigkeit erwarten. Aus diesem Grunde wurden die in Abbildung 8 dargestellten Versuche durchgeführt.

Über der Zahl y der in einer Probe mit etwa quadratischem Querschnitt vereinigten Doppel-Y-Elemente (das Doppel-Y-Element kann ebenso wie die Folienwelle als Waben-Grundelement benutzt werden; vgl. Abb. 2e) ist die Druck-Bruchlast je Doppel-Y-Element aufgetragen. Die erwartete Tendenz, nämlich steigende Last je Doppel-Y-Element mit wachsender Zahl von Grundelementen, ist nach Abbildung 8 nicht festzustellen. Der Abfall der Einheitslasten bei $y > 30$ ist wahrscheinlich eine Folge ungleichmäßiger Krafteinleitung in den Wabenblock. Bei den Proben mit einer so großen Zahl von Doppel-Y-Elementen wurde häufig beobachtet, daß der Bruch nicht über dem ganzen Querschnitt gleichzeitig auftrat, sondern von einer Ecke ausging.

Wegen der begrenzten Abmessungen des zur Prüfung benutzten Druckgehänges wäre es schwierig gewesen, die Proben aller Wabentypen mit gleicher Zellenzahl auszuführen. Nachdem sich im erwähnten Kontrollversuch kein Randeinfluß gezeigt hatte, erschien es gerechtfertigt, die Durchführung der Hauptversuchsreihen dadurch zu vereinfachen, daß die Proben aller Wabensorten mit annähernd gleicher Querschnittsfläche, damit aber unterschiedlicher Zellenzahl, ausgeführt wurden. Alle Proben einer jeweiligen Wabentype enthielten jedoch gleich viel Zellen.

Für alle weiteren Druckversuche betrug die Probenhöhe 50 mm und die Kantenlänge der annähernd quadratischen Grundfläche rund 75 mm. Ähnliche Probenabmessungen sind auch in England und den USA für Wabenuntersuchungen gebräuchlich [11, 12].

7.2 Probenform für Schubversuche

Es ist schwierig, den reinen und gleichförmigen Schubspannungszustand in Proben zu verwirklichen. Alle gebräuchlichen und teilweise genormten Schubproben, wie sie im linken Teil von Abbildung 9 dargestellt sind, weisen in dieser Hinsicht mehr oder minder ausgeprägte Mängel auf [6]. Gleichgewichtsbetrachtungen für die Probenkörper zeigen, daß die Schubspannung nicht gleichmäßig über die Probe verteilt sein kann (insbesondere muß sie am freien Rand auf den Wert Null abfallen), und daß außer den Schubspannungen noch Zug- und Druckspannungen in der

Probe entstehen müssen. Die ganz links abgebildete "Biegebalken-Probe" verwirklicht die Verhältnisse, wie sie in Sandwichplatten vorliegen, für den Stützstoff recht gut. Sie ist jedoch weniger geeignet für die Prüfung von relativ hohen Wabenblöcken.

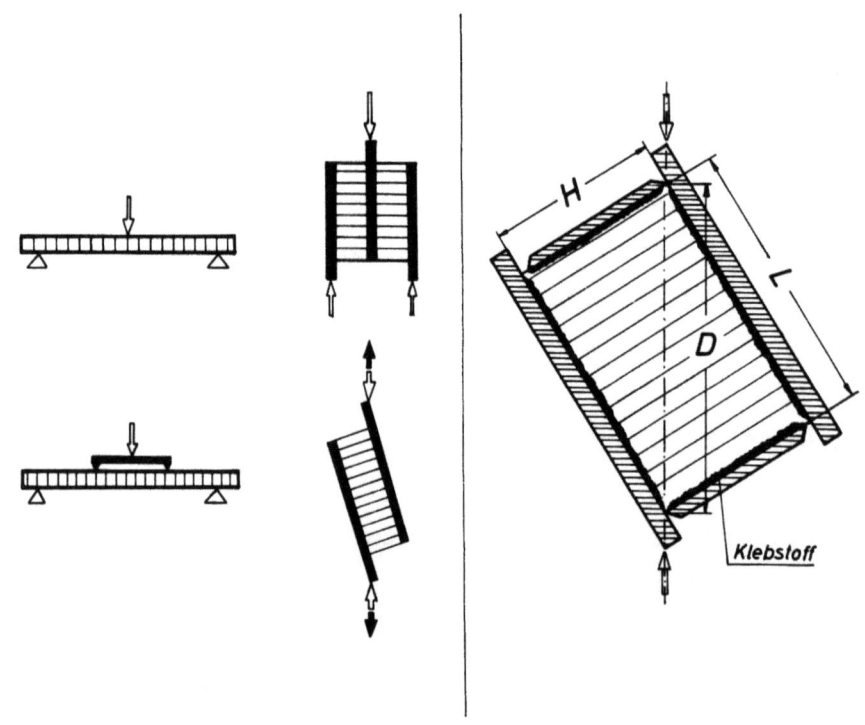

A b b i l d u n g 9
Probenformen für Schubversuche an Stützstoffen
links: übliche Probenformen   rechts: Gelenkrahmen

Wir verwendeten einen Gelenkrahmen (im Bild ganz rechts), der auch für die Prüfung hoher Proben bei geringem Materialverbrauch geeignet ist und der Forderung nach dem reinen Schubzustand am besten genügt.

Für eine Wabensorte (80/9,5) wurde die Abhängigkeit des Schubmoduls und der Schubfestigkeit von der Probenhöhe untersucht. Ein Einfluß der Probenhöhe läßt sich durch die vorliegenden Messungen nicht eindeutig nachweisen (Abb. 10). Ist die Höhe der Verklebungszone (Abb. 9 rechts) nicht mehr klein gegenüber der Probenhöhe H, so muß ihr Einfluß bei der Auswertung berücksichtigt werden, zumal der Klebstoff nicht nur wie bei den Druckproben eine verstärkende Wirkung hat, sondern auch eine nahezu starre Einspannung für die Zellränder darstellt, so daß ein merklich von Null verschiedener Schiebungswinkel sich erst außerhalb der Verklebungszone einstellen kann. Man kann eine effektive Höhe der Verklebungszone definieren, die größer sein muß als die tatsächliche vom Klebstoff bedeckte Höhe. In Abbildung 10 sind die Ergebnisse der Messungen ohne Berücksichtigung einer Verklebungszone eingetragen, d.h. bei der Auswertung wurde als Höhe des Wabenblockes der Abstand H der beiden massiven Metallplatten des Gelenkrahmens angesetzt. Der dadurch entstehende Fehler muß sich besonders stark bei kleinen Probenhöhen bemerkbar machen. Setzt man einen von der Höhe des Wabenblockes unabhängigen Schubmodul und eine effektive Höhe der Verklebungszone von 2 mm voraus, so wären bei Anwendung der obigen, nicht ganz korrekten Auswertungsmethode Ergebnisse für den Längsschubmodul G_1 nach der gestrichelt in Abbildung 10 eingetragenen Kurve zu erwarten. Wie man sieht, wird der Einfluß der Verklebung durch die Streuung der Meßergebnisse überdeckt.

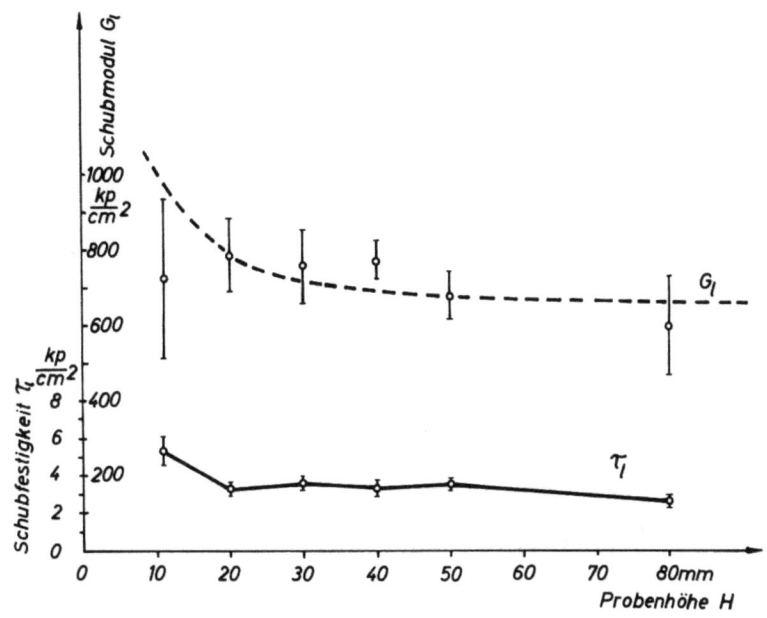

A b b i l d u n g   10

Gemessene Schubmoduln und Schubfestigkeiten bei Variation der Probenhöhe. Eingetragen sind Mittelwerte und Standardabweichungen von Messungen an je 10 Proben

Da die vorliegenden Schubmessungen ebenso wie die Druckversuche keine Abhängigkeit der mechanischen Eigenschaften von der Probenhöhe erkennen lassen, wurde für die Schubversuche die gleiche Probenhöhe H wie bei den Druckproben, nämlich 50 mm gewählt. Die Länge L (vgl. Abb. 9) betrug 100 mm und die Breite B (in Abb. 9 senkrecht zur Zeichenebene) etwa 80 mm.

8. Versuchsdurchführung

8.1 Versuchseinrichtung

Um statistisch gesicherte Ergebnisse zu erlangen, mußten wir etwa 900 Proben prüfen. Wegen dieser relativ großen Probenzahl wurde für die Aufnahme der Kraft-Verformungs-Diagramme, die man für die Modulnbestimmung benötigt, eine selbsttätige Registrierung vorgesehen. Abbildung 11 zeigt schematisch den gewählten Versuchsaufbau. Die relative Verschiebung der beiden Gehänge-Teile (diese unterscheidet sich nur durch eine geringfügige, durch Eichung bestimmbare Korrektur von der Verformung der Wabenprobe) wird von einem induktiven Weggeber auf ein Meßwerk eines Koordinatenschreibers übertragen. Das andere Meßwerk des Schreibers ist mit dem elektrischen Kraftmeßkopf der Prüfmaschine gekoppelt. Für Druck- und Schubuntersuchungen wurde dieselbe Versuchsanordnung benutzt. Die Schubprobe wurde so über zwischengeschaltete Prismen und Walzen zwischen die Druckplatten des Prüfgehänges eingesetzt, daß die Diagonale D der Wabenprobe mit der Symmetrieachse der Prüfmaschine zusammenfiel (vgl. Abb. 9 rechts).

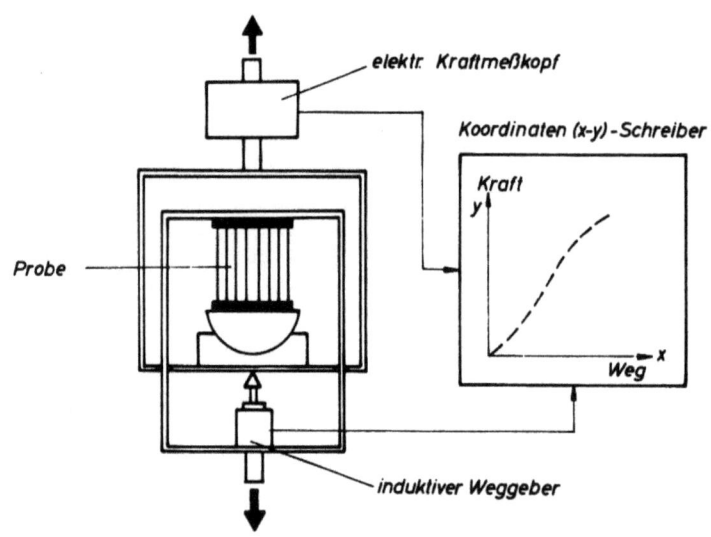

Abbildung 11

Schematische Darstellung der Versuchsapparatur

Zur Durchführung der Druckversuche wurde eine Prüfmaschine Type Z 434 [6], für die Schubversuche eine Prüfmaschine Type Z 360 [6] ver-

---

6. Hersteller Zwick GmbH.

wandt. Entsprechend der unterschiedlichen Antriebsmöglichkeiten wurde die Belastung bei den Druckversuchen mit konstanter Verformungszunahme (1 mm/min), bei den Schubversuchen mit konstanter Kraftzunahme (40 kp/sec) aufgebracht.

8.2 Auswertung der Messungen

Bei der Auswertung der Messungen ist folgendes zu beachten: Das Raumgewicht von Wabenstoffen ist vom Expansionswinkel ϑ abhängig (Gl. 1a), (Abb. 2). Beim Ausschneiden der Proben aus einem größeren Wabenblock und dem Einkleben in die Prüfvorrichtung wird der Expansionswinkel und damit das Raumgewicht oft unwillkürlich etwas verändert. Proben mit höherem Raumgewicht r zeigen höhere Druckfestigkeiten und Druck-E-Moduln als solche mit niedrigerem Raumgewicht. Deshalb werden für die einzelne Probe aus den Messungen die spezifischen Festigkeiten und die spezifischen Moduln bestimmt. Festigkeit und Modul für die bestimmte Wabensorte ergeben sich dann durch Multiplikation dieser spezifischen Werte mit dem mittleren Raumgewicht r.

Außerdem ist bei einer Probe die Querschnittsfläche wegen der groben Wabenstruktur nur schwer zu erfassen. Hierin lag ein weiterer wichtiger Grund, zunächst die spezifischen Festigkeiten und spezifischen Moduln direkt aus den Messungen zu bestimmen.

Die folgenden Beziehungen zeigen, daß die Probenquerschnittsflächen nicht in die Berechnung der spez. mechanischen Werte für Druckbeanspruchung eingehen.

Spezifische Druckfestigkeit:

$$\frac{\sigma_d}{r} = \frac{\frac{P}{F_{Wabe}}}{\frac{g}{F_{Wabe} \cdot h}} = \frac{P \cdot h}{g} \qquad (3)$$

P = Höchstlast der Probe
F_{Wabe} = Querschnittsfläche der Probe
h = Probenhöhe
g = Probengewicht

Spezifischer Elastizitätsmodul
bei Druckbeanspruchung:

$$\frac{E_d}{r} = \frac{\frac{\Delta P}{F_{Wabe}}}{\frac{\Delta h}{h} \cdot \frac{g}{F_{Wabe}} \cdot h} = \frac{\Delta P \cdot h^2}{\Delta h \cdot g} \qquad (4)$$

ΔP = Kraftänderung

Δh = Änderung der Probenhöhe h infolge der Kraftänderung ΔP

In analoger Weise wurde bei der Auswertung der Schubversuche verfahren; man findet:

Spezifische Schubfestigkeit:

$$\frac{\tau}{r} = \frac{P}{g} \cdot \frac{HL}{D} \qquad (5)$$

ΔD = Längenänderung der Diagonale D infolge der Kraftänderung ΔP

Spezifischer Schubmodul:

$$\frac{G}{r} = \frac{\Delta P}{g} \cdot \frac{H^2 \cdot L^2}{\Delta D \cdot D^2} \qquad (6)$$

H, L, D gemäß Abbildung 9

Die Längen H, L, D lassen sich mit hinreichender Genauigkeit ermitteln, da sie an den Platten des Gelenkrahmens abgegriffen werden können. Die nur ungenau zu erfassende Breite B der Wabenprobe wird für die Auswertung der Messungen nach den Gleichungen (5) und (6) nicht benötigt.

Abbildung 12 zeigt vom Koordinatenschreiber aufgenommene Kraft-Verformungs-Diagramme bei Druckbeanspruchung, oben eine Meßreihe an der Wabentype 120/9,5 (Druck-Elastizitätsmodul und -Festigkeit einer bestimmten Wabentype wurden jeweils an 10 Proben ermittelt), unten jeweils ein charakteristisches Diagramm für alle untersuchten Wabensorten. Der geradlinige Bereich des Kraftanstiegs wurde zur E-Modulbestimmung benutzt. Die Kraft-Verformungsdiagramme weisen bei Beginn der Belastung ein allmähliches Anwachsen der Steigung bis zum Höchstwert auf. Dies deutet darauf hin, daß die Probe sich zunächst "setzen" muß, bevor die ganze Probe gleichmäßig beansprucht wird. Bei rund 80% der Bruchlast wird der Kurvenverlauf wieder zunehmend flacher. Dieses Abbiegen der

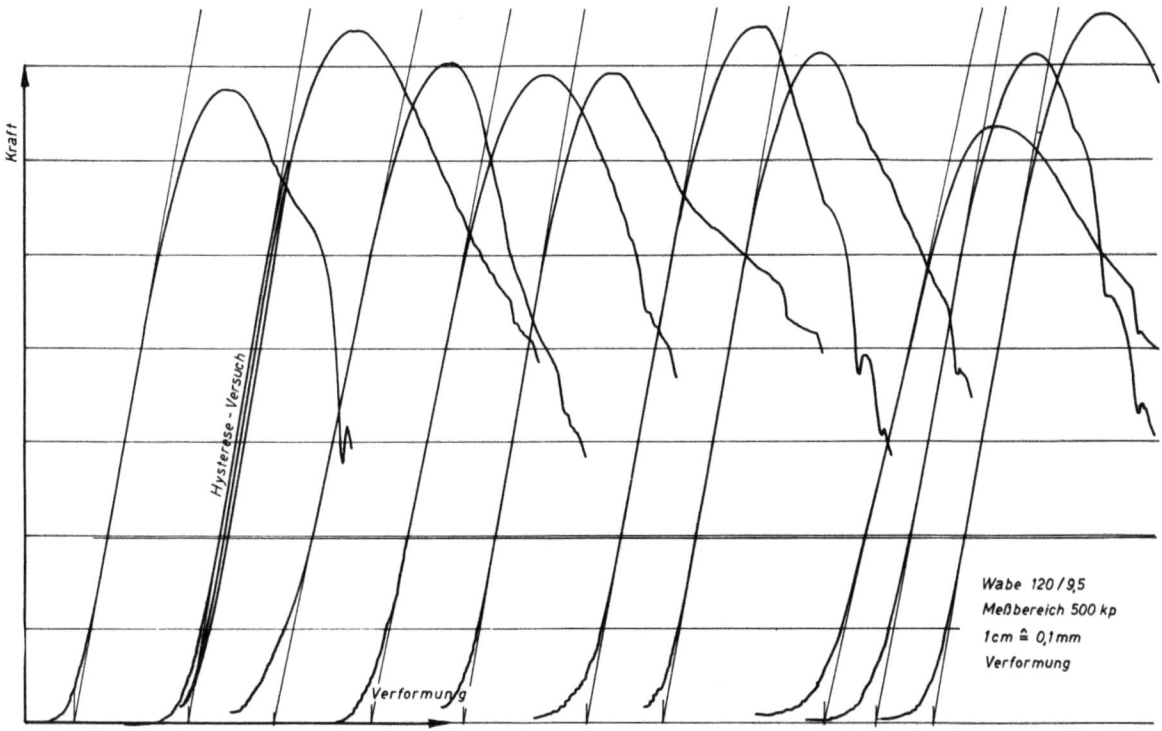
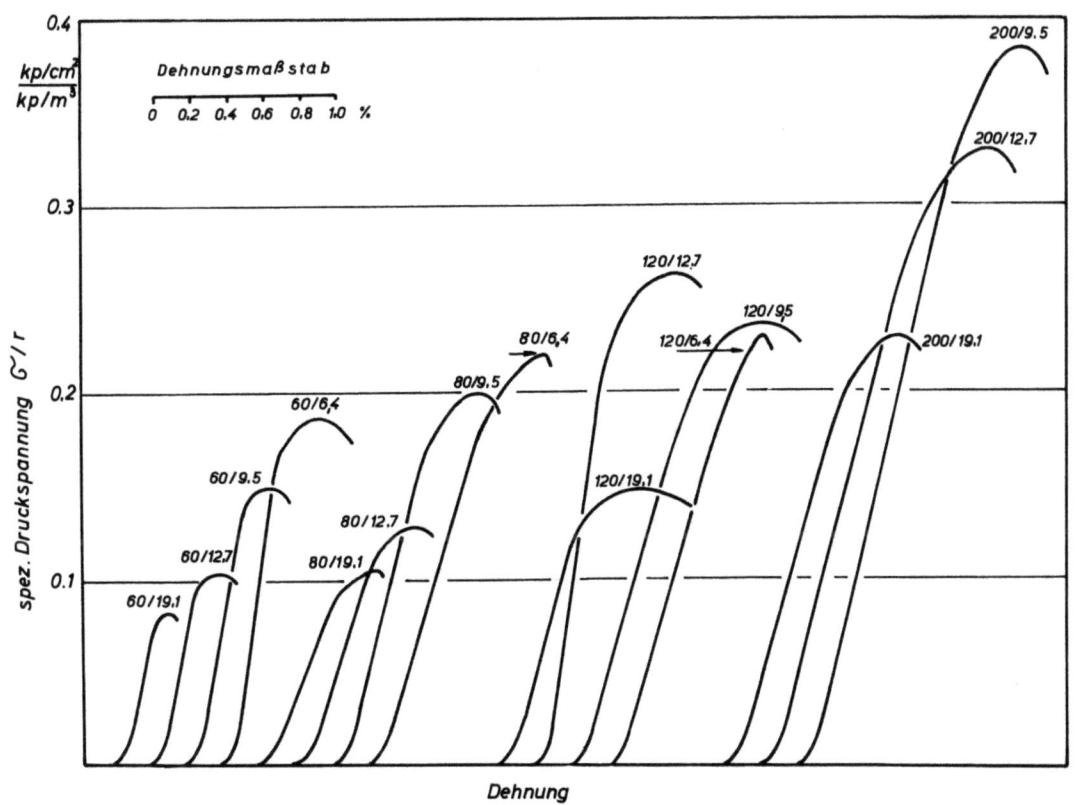

Abbildung 12

Kraft-Verformungs-Diagramme aus Druckversuchen an Papierwaben
oben: Meßreihe mit Hystereseversuch an der Wabentype 120/9,5
unten: Charakteristische Diagramme für alle untersuchten Wabentypen

Kurve ist bei Waben mit großem Verhältnis Foliendicke t zu Schlüsselweite s weniger ausgeprägt als bei Waben mit kleinem Verhältnis t/s. Bei großem Verhältnis t/s erfolgt der Bruch schlagartig (Druckfestigkeitsbruch), bei kleinem Verhältnis t/s langsam unter fortschreitendem Zusammenknittern (Abb. 13).

A b b i l d u n g 13
Aussehen des Druckbruches bei kleinem Verhältnis
Folienstärke zu Schlüsselweite
(Wabentype 80/19,1)

Bei jeder Wabensorte wurde an einer Probe bei rund 75% der Druck-Bruchlast ein Hystereseversuch gefahren (Entlastung bis Kraftanzeige Null und erneute Belastung bis zum Bruch). Keine Wabentype zeigte eine ausgeprägte Hysterese.

Abbildung 14 zeigt die beiden Extremfälle von Kraft-Verformungs-Diagrammen bei Schubbeanspruchung. Da sich bei den meisten Diagrammen kein linearer Bereich zeigte, wurde für die Schubmodulbestimmung die Tangente im Nullpunkt des Kraft-Verformungs-Diagrammes benutzt. Der Nullpunkt entspricht bei den Schubversuchen einer kleinen Vorlast, die Probe hat sich hier also schon "gesetzt".

Die gewählte Methode zur Moduln-Bestimmung ist bewußt auf die Stützstoffprobleme ausgerichtet worden. In Stabilitätsrechnungen an kontinuierlich gestützten Schalen gehen die Elastizitätsgrößen für kleine Verformungen des Stützstoffes ein.

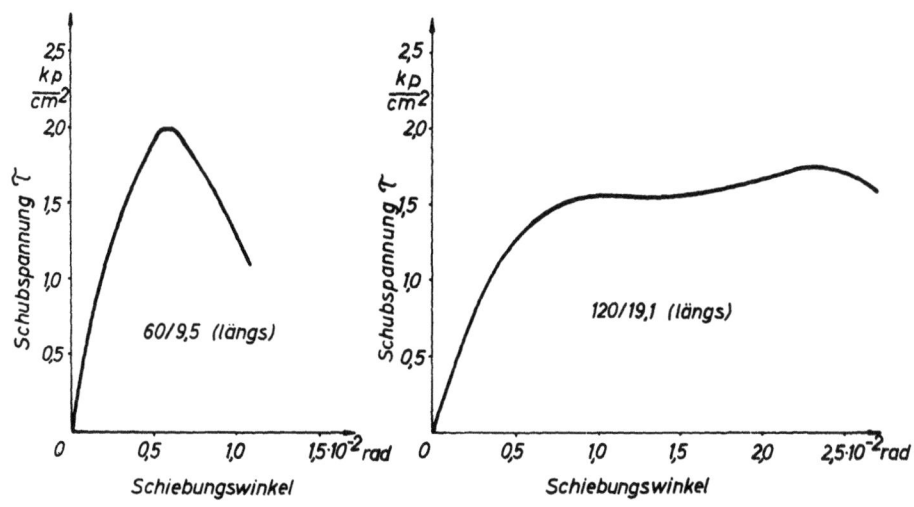

A b b i l d u n g 14

Extremfälle von Kraft-Verformungs-Diagrammen aus
den Schubversuchen an Papierwaben

9. Ergebnisse

9.1 Ergebnisse der Druckversuche

Abbildung 15 zeigt die aus den Versuchen ermittelten Druckfestigkeiten
in Abhängigkeit vom Raumgewicht. Eingetragen sind Mittelwerte von je
10 Messungen und die Standardabweichungen. Die Variationskoeffizienten
bewegen sich zwischen den Grenzen von 3 bis 10%. Diese erscheinen
überraschend klein, wenn man bedenkt, wie viele Einflußgrößen die mechanischen Eigenschaften der Waben mitbestimmen (Beschaffenheit des
Rohpapieres, Art des zur Tränkung benutzten Harzes, Harzgehalt, Aushärtungsgrad, Feuchtigkeitsgehalt, Zellform, Regelmäßigkeit der Wabengeometrie). Die hohen Streuungen der Zugfestigkeiten der dünnen Papiere spiegeln sich nicht in der Druckfestigkeit der Waben wider. Es muß
daher angenommen werden, daß andere Größen als die Papier-Zugfestigkeit entscheidenden Einfluß auf die Wabendruckfestigkeit haben, in
erster Linie muß dabei an die Wabengeometrie gedacht werden.

Wenn die Wabendruckfestigkeit σ_d durch einen reinen Festigkeitsbruch
der Folien bestimmt würde, so müßte sie sich aus der Druckfestigkeit
$\sigma_{d\ Folie}$ des Folienwerkstoffes in folgender Weise ergeben.

Es gilt definitionsgemäß:

$$P_{Wabe} \equiv P_{Folie} \equiv P$$

$$\sigma_d \cdot F_{Wabe} \equiv \sigma_{d_{Folie}} \cdot F_{Folie}$$

$$\boxed{\sigma_d \equiv \sigma_{d_{Folie}} \cdot \frac{F_{Folie}}{F_{Wabe}} \equiv \sigma_{d_{Folie}} \frac{\frac{g}{h \cdot \gamma}}{\frac{g}{h \cdot r}} = \sigma_{d_{Folie}} \cdot \frac{r}{\gamma}} \qquad (7a)$$

P = Druckbruchlast der Probe
F_{Wabe} = Querschnittsfläche der Wabenprobe
F_{Folie} = Stirnquerschnitt der in der Wabenprobe enthaltenen Folie
g = Gewicht der Probe
h = Probenhöhe
r = Raumgewicht der Wabe
γ = spezifisches Gewicht des Folienwerkstoffes

Im Falle des reinen Festigkeitsbruches ist also die Wabendruckfestigkeit dem Raumgewicht proportional.

Für die Wabe ergibt sich in diesem Falle die gleiche spezifische Druckfestigkeit, wie sie der Folienwerkstoff aufweist:

$$\frac{\sigma_d}{r} = \frac{\sigma_{d_{Folie}}}{\gamma} \qquad (7b)$$

Dies erklärt sich anschaulich folgendermaßen: Die Expansion des Folienblockes zu einem Wabenblock (vgl. Abb. 2) stellt gewissermaßen eine "Verdünnung" all seiner Eigenschaften dar. Da die übertragbare Drucklast je Flächeneinheit und das Gewicht je Raumeinheit in gleichem Maße "verdünnt" werden, bleibt der Quotient aus beiden unverändert.

Bei reinem Festigkeitsbruch müßte demnach für Waben aus einer bestimmten Folie die spezifische Druckfestigkeit eine vom Raumgewicht unabhängige Konstante sein.

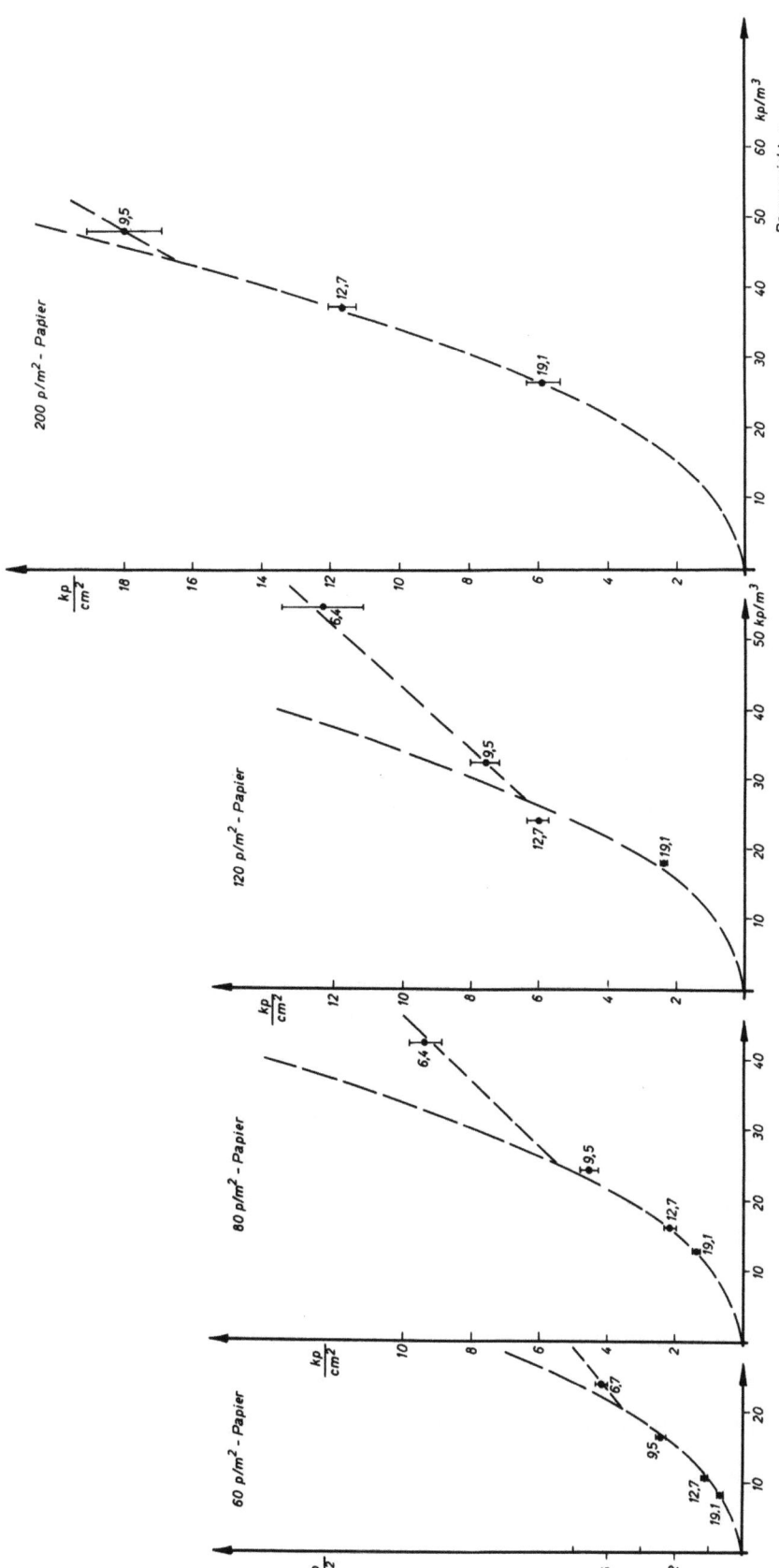

Abbildung 15

Mittelwerte und Standardabweichungen aus je 10 Messungen der Druckfestigkeit von Papierwaben. Eingetragen ist die theoretisch zu erwartende Abhängigkeit vom Raumgewicht

Aus der Auftragung der Meßergebnisse ergibt sich aber ein völlig anders gearteter Verlauf der spezifischen Waben-Druckfestigkeit (Abb. 16).

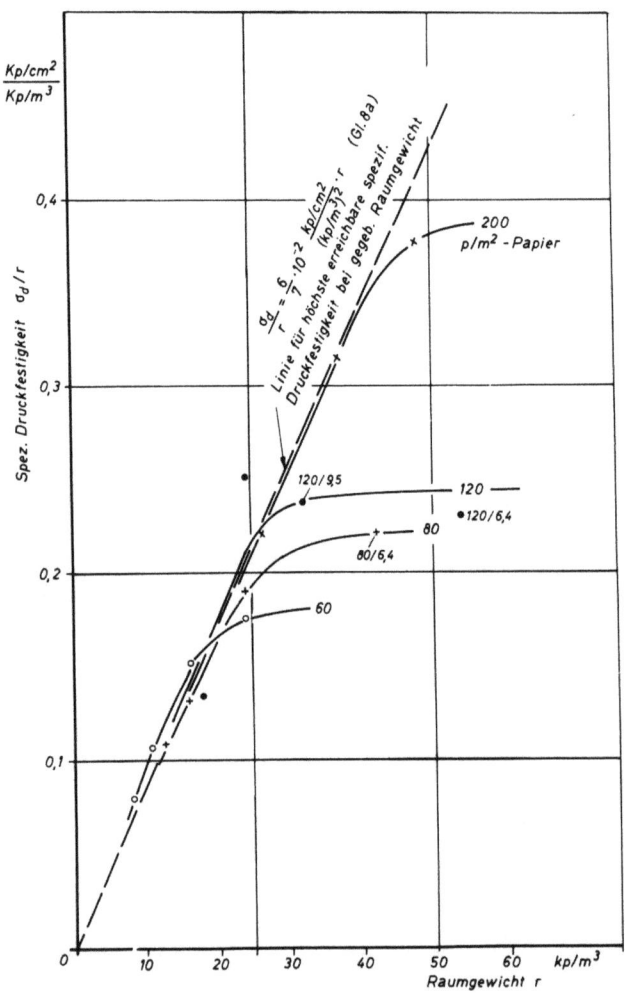

Abbildung 16

Mittelwerte der gemessenen spezifischen Druckfestigkeiten der untersuchten Papierwaben in Abhängigkeit vom Wabenraumgewicht und Flächeneinheitsgewicht des zur Wabenherstellung benutzten Papieres

Mittelwerte für Waben einer bestimmten Papierstärke sind zu Ausgleichskurven zusammengefaßt. Die spezifische Druckfestigkeit der Waben zeigt für alle Papiersorten im Bereich der größeren Schlüsselweiten (kleinere Raumgewichte) annähernde Proportionalität zum Raumgewicht, die näherungsweise durch folgende empirische Gleichung beschrieben werden kann:

$$\frac{\sigma_d}{r} = \frac{6}{7} \cdot 10^{-2} \frac{kp/cm^2}{(kp/m^3)^2} \cdot r \qquad (8a)$$

Seite 40

Hieraus wird offensichtlich, daß der Druckbruch der Waben kein reiner
Festigkeitsbruch ist, sondern wahrscheinlich entscheidend durch das
Beulverhalten mitbestimmt wird. Die Beulspannung der Zellwände (Folie)
kann theoretisch berechnet werden:

$$\sigma_{Beul_{Folie}} = k \cdot \frac{\pi^2 \cdot E_{Folie}}{12 (1 - \nu^2)} \cdot \left(\frac{t}{e}\right)^2 \qquad (9a)$$

Daraus ergibt sich die auf die Querschnittsfläche der Wabe bezogene
Waben-Beulspannung:

$$\sigma_{Beul_{Wabe}} = k \cdot \frac{\pi^2 \cdot E_{Folie}}{12 (1 - \nu^2)} \cdot \left(\frac{t}{e}\right)^2 \cdot \frac{r}{\gamma} \qquad (9b)$$

k	= Beulfaktor
ν	= Kehrwert der Poisson'schen Konstante des Folienwerkstoffes
E_{Folie}	= Biege-E-Modul des Folienwerkstoffs
t	= Folienstärke
e	= Breite der Einfachwand (vgl. Abb. 2)

Mit Gleichung (1a) für das Wabenraumgewicht folgt aus (9b) für die
spezifische Beulspannung der Wabe:

$$\frac{\sigma_{Beul_{Wabe}}}{r} \sim \frac{E_{Folie}}{\gamma^3} \cdot r^2 \qquad (9c)$$

Der Beulfaktor wurde bei Annahme einer gleichseitigen Sechseckwabe
(d = e) und einer Beulfigur nach Abbildung 17 theoretisch zu k = 5,6
bestimmt. Mit diesem und unter Einsetzen der gemessenen E-Moduln aus
den Papierversuchen (eigentlich sind hier Biege-E-Moduln einzusetzen)
ergeben sich Beulspannungen, die kleiner sind als die gemessenen Waben-
druckfestigkeiten. Dies erklärt sich vermutlich daraus, daß sich nach
Eintreten des Beulens eine Spannungsumlagerung vollzieht, die eine zunehmende Spannungskonzentration in den Stoßkanten von Doppel- und Einfachwänden (Abb. 17) zur Folge hat. Der Bruch tritt erst dann ein, wenn
in den Kanten die Druckfestigkeit des Werkstoffes erreicht wird.

Eine empirische Gleichung zur Bestimmung der im "Nachbeulbereich" sich
ergebenden Druckfestigkeit der Waben wurde von C.B. NORRIS unter Benutzung von Versuchsergebnissen an Sperrholzplatten aufgestellt und

ihre Gültigkeit für Papierwaben experimentell untersucht [13]:

$$\frac{\sigma_d}{r} = C \cdot \frac{E_{Folie}^{1/3} \cdot \sigma_{P_{Folie}}^{2/3}}{\gamma} \cdot \left(\frac{r}{\varphi \cdot \gamma - r}\right)^{2/3} \qquad (10a)$$

C = Konstante, deren Größe durch die Zellform bestimmt ist

E_{Folie} = Biege-E-Modul des Folienwerkstoffes

$\sigma_{P_{Folie}}$ = Proportsalitätsgrenze bei Druckbeanspruchung des Folienwerkstoffes (im allgemeinen ein bestimmter Bruchteil der Druckfestigkeit $\sigma_{d_{Folie}}$)

φ = $1/l_p$, Formparameter nach Gl. (1), von der Zellform abhängig.

Hieraus folgt für kleine Raumgewichte:

$$\frac{\sigma_d}{r} \sim \left(\frac{E_{Folie}}{\gamma^5}\right)^{1/3} \cdot \sigma_{d_{Folie}}^{2/3} \cdot r^{2/3} \qquad (10b)$$

Diese Beziehung kommt der von uns gefundenen Proportionalität [Gl. (8a)] zwischen spez. Wabendruckfestigkeit und Wabenraumgewicht r schon näher.

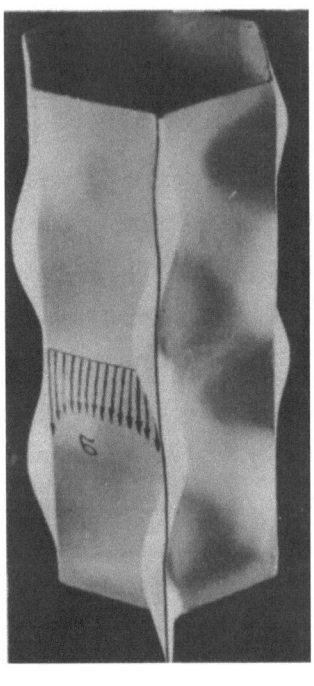

Abbildung 17
Beulfigur einer gleichseitigen Sechseckwabe

Werden für die Zellwände quadratische Platten mit festgehaltenen, aber in Belastungsrichtung verschieblichen Rändern angenommen, so folgt unter Anwendung von Ergebnissen theoretischer Untersuchungen von MARGUERRE und KOITER [14] für die im Nachbeulbereich sich ergebende Druckfestigkeit von Waben:

$$\sigma_d = (0{,}81 \; \sigma_{Beul_{Folie}}^{1/2} \cdot \sigma_{d_{Folie}}^{1/2} + 0{,}19 \; \sigma_{d_{Folie}}) \cdot \frac{r}{\gamma} \quad (11a)$$

Mit den Beziehungen (9a) und (1a) folgt hieraus für die spezifische Wabendruckfestigkeit:

$$\frac{\sigma_d}{r} = C_1 \cdot \left(\frac{E_{Folie}}{\gamma 4}\right)^{1/2} \cdot \sigma_{d_{Folie}}^{1/2} \cdot r + C_2 \frac{\sigma_{d_{Folie}}}{\gamma} \quad (11b)$$

C_1 und C_2 sind Konstanten

Damit zeigt sich für den Nachbeulbereich eine lineare Abhängigkeit der spezifischen Wabendruckfestigkeit σ_d/r vom Wabenraumgewicht r.

Unter Zugrundelegung einer Foliendruckfestigkeit $\sigma_{d_{Folie}}$ = 150 kp/cm^2 (Mittelwert der Druckfestigkeiten von 60-, 80- und 120 $\frac{p}{m^2}$ - Papier. vgl. spätere Ausführungen) wurde der durch Gleichung (11b) beschriebene Zusammenhang als Gerade in Abbildung 18 eingetragen. Die meisten Meßwerte liegen in der Nähe dieser Geraden.

Für sehr kleine Raumgewichte ergibt sich eine bessere Übereinstimmung zwischen Messungen und Theorie, wenn man die Zellwände als lange Platten mit elastisch eingespannten, aber in Belastungsrichtung verschieblichen Rändern annimmt. Unter Benutzung von Ergebnissen aus [14] gelangt man dann zu folgender Beziehung für die spezifische Druckfestigkeit im Nachbeulbereich:

$$\frac{\sigma_d}{r} = (1{,}2\alpha - 0{,}65\alpha^2 + 0{,}45\alpha^3) \cdot \frac{\sigma_{d_{Folie}}}{\gamma} \, ,$$

$$\text{wobei } \alpha = \left(\frac{\sigma_{Beul_{Folie}}}{\sigma_{d_{Folie}}}\right)^{2/5} \text{ ist.} \quad (12)$$

Die Eintragung in Abbildung 18 zeigt, daß diese Beziehung im interessierenden Bereich sich nicht wesentlich von einem linearen Zusammenhang unterscheidet.

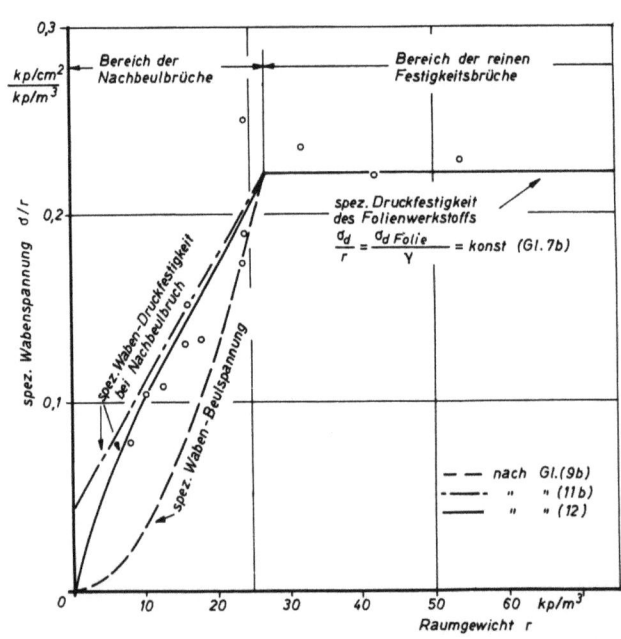

A b b i l d u n g 18

Theoretisch zu erwartende Abhängigkeit der spez. Waben-Druckfestigkeit bei Annahme einer Druckfestigkeit des Folienwerkstoffes $\sigma_{d_{Folie}}$ = 150 kp/cm^2. Eingetragen sind ferner die Mittelwerte der gemessenen spez. Druckfestigkeiten für Waben aus 60-, 80- und 120- p/m^2 - Papier ($\sigma_{d_{Folie}}$ = 125 bzw. 160 bzw. 166 kp/cm^2). Zur Berechnung der theoretischen Verläufe wurden folgende Rechenwerte zugrunde gelegt:

$$k = 5,6; \quad E_{Folie} = (\sqrt{E_\| \cdot E_\perp})_{mittel} = 48\,500 \text{ kp/cm}^2;$$
$$\gamma = 675 \text{ kp/m}^3 \text{ (vgl. Abb. 6)}; \quad \nu = 0; \quad d = e; \quad \vartheta = 60°$$

Alle Nachbeulgleichungen besitzen nur Gültigkeit, solange überhaupt vor dem Bruch eine Beulung auftritt, d.h. wenn

$$\sigma_{Beul_{Folie}} \leqq \sigma_{d_{Folie}} \quad \text{ist.}$$

Für $\sigma_{Beul_{Folie}} = \sigma_{d_{Folie}}$ gehen die Beziehungen (11a) und (12) über in die Gleichung (7b) für den reinen Festigkeitsbruch:

$$\frac{\sigma_d}{r} = \frac{\sigma_{d_{Folie}}}{\gamma}$$

Die spezifische Wabendruckfestigkeit muß also für kleine Raumgewichte zunächst etwa proportional zum Raumgewicht ansteigen, um schließlich von einem bestimmten Raumgewicht ab konstant gleich der spezifischen Druckfestigkeit der Folie zu bleiben (vgl. Abb. 18).

Betrachtet man die Ausgleichskurven durch die Meßpunkte in Abbildung 16 für eine bestimmte Papierstärke, so erkennt man nach anfänglichem geradlinigem Anstieg mit steigendem Raumgewicht eine zunehmende Abkrümmung. In diesem Bereich erfolgt offensichtlich der Übergang von einem Nachbeulbruch in einen Festigkeitsbruch, für den die Beziehung (7b) gilt. Bei den Papieren mit den Flächengewichten 80 und 120 p/m^2 kann angenommen werden, daß mit den Wabentypen 80/6,4 sowie 120/9,5 und 120/6,4 bereits fast reine Druckfestigkeitsbrüche erreicht werden, da die beiden Ausgleichskurven in diesen Bereichen bereits annähernd einen zur Raumgewichtsachse parallelen Verlauf angenommen haben.

Auch die Form der Kraft-Verformungs-Diagramme (Abb. 12 unten) für die Wabentypen 80/6,4 und 120/6,4 deuten auf einen Festigkeitsbruch hin. Sie zeigen im oberen Lastbereich ein verhältnismäßig schwach ausgeprägtes Abknicken von der anfänglichen Geraden und im Bereich der Höchstlast eine relativ scharf ausgeprägte Spitze.

Bei der Beobachtung des Belastungsvorganges an der Probe konnte bei der Wabentype 80/6,4 allerdings noch eine sehr schwache Beulung festgestellt werden. Beim Bruch bildeten sich in den Zellwänden scharf begrenzte Quetschfalten (Abb. 19).

Abbildung 19
Aussehen des Druckbruches der Wabentype 80/6,4.
(Großes Verhältnis Folienstärke zu Schlüsselweite; vgl. auch Abb. 13)

Aus der Abbildung 16 muß gefolgert werden, daß die Druckfestigkeit des zur Wabenherstellung verwendeten Natronkraftpapieres um so höher liegt, je höher das Flächengewicht des Papieres ist. Es scheint beim Natronkraftpapier eine ähnliche Abhängigkeit der Druckfestigkeit von der Dicke vorhanden zu sein, wie sie an dünnen Schichtstoffen aus Glasseidengeweben und Epoxydharz festgestellt werden konnte [7]. Nimmt man an, daß die in Abbildung 16 sich ergebenden, zur Raumgewichtsachse parallelen Kurvenäste die Höhe der spezifischen Druckfestigkeiten der einzelnen Papiersorten angeben, so kann man die Papierdruckfestigkeiten durch Multiplikation mit dem spezifischen Gewicht des Papieres bestimmen. Die so berechneten Druckfestigkeiten sind über der Papierdicke in Abbildung 20 aufgetragen.

Offenbar muß die Erschöpfung der Tragkraft dünner Faserschichtstoffe bei Druckbeanspruchung in der Schichtebene als ein "inneres Knicken" der tragenden Fasern gedeutet werden. Die Randfasern sind besonders knickgefährdet, da sie nur einseitig durch Nachbarfasern gestützt sind.

---

7. E. OHLMER, unveröffentlichte Studienarbeit, Lehrstuhl für Werkstoffkunde, TH Darmstadt (1958)

Bei dünnen Schichtstoffen ist der Anteil der Randfasern an der Gesamtzahl der Fasern besonders groß, so daß bei dünnen Schichten eine größere Tendenz zum "inneren Knicken" vorhanden sein müßte als bei relativ dicken Schichten.

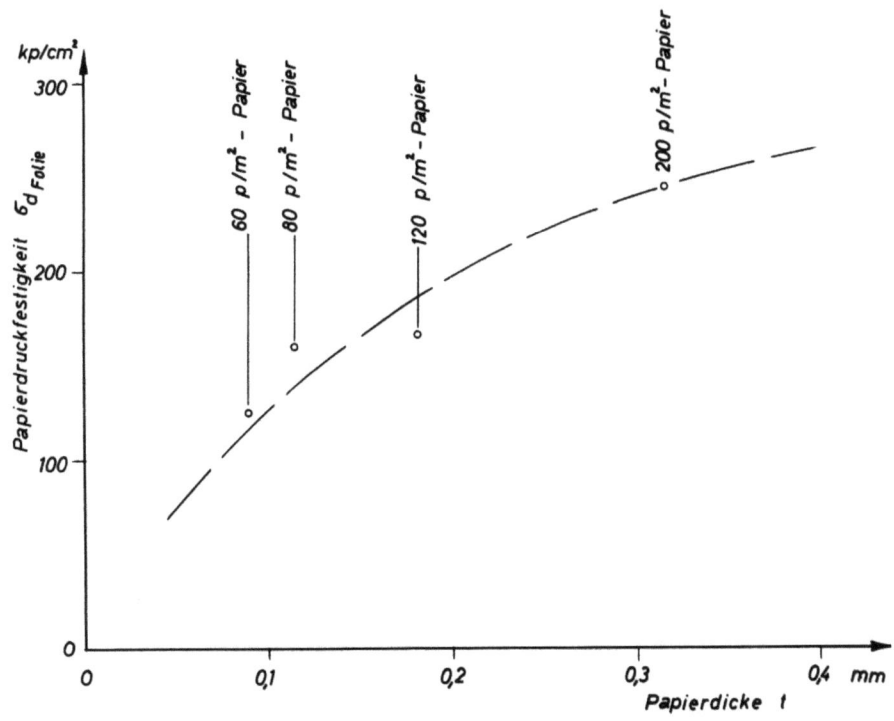

Abbildung 20
Druckfestigkeit von Natronkraftpapier
in Abhängigkeit von der Foliendicke

Aus diesen Ergebnissen der Druckversuche lassen sich Richtlinien für die Auswahl von Wabentypen mit bestimmter Mindestdruckfestigkeit ableiten.

In Abbildung 16 erkennt man, daß die durch Gleichung (8a) beschriebene Gerade für bestimmte Wabenraumgewichte die obere Grenze der erreichbaren spezifischen Waben-Druckfestigkeit darstellt. Aus Gleichung (8a) folgt für die Druckfestigkeit der Wabe

$$\sigma_d = \frac{6}{7} \cdot 10^{-2} \frac{kp/cm^2}{(kp/m^3)^2} \cdot r^2 \tag{8b}$$

Diese Kurve ist in Abbildung 21 eingetragen. Nach dem Vorhergehenden kann sie als die Grenzkurve für kleinstmögliches Raumgewicht bei einer geforderten Druckfestigkeit angesprochen werden. Das geringstmögliche Stützstoffgewicht in einer Konstruktion, die eine bestimmte Waben-

Druckfestigkeit erfordert, erhält man, wenn man eine Wabentype wählt, die in Abbildung 21 nahe dieser Grenzkurve liegt.

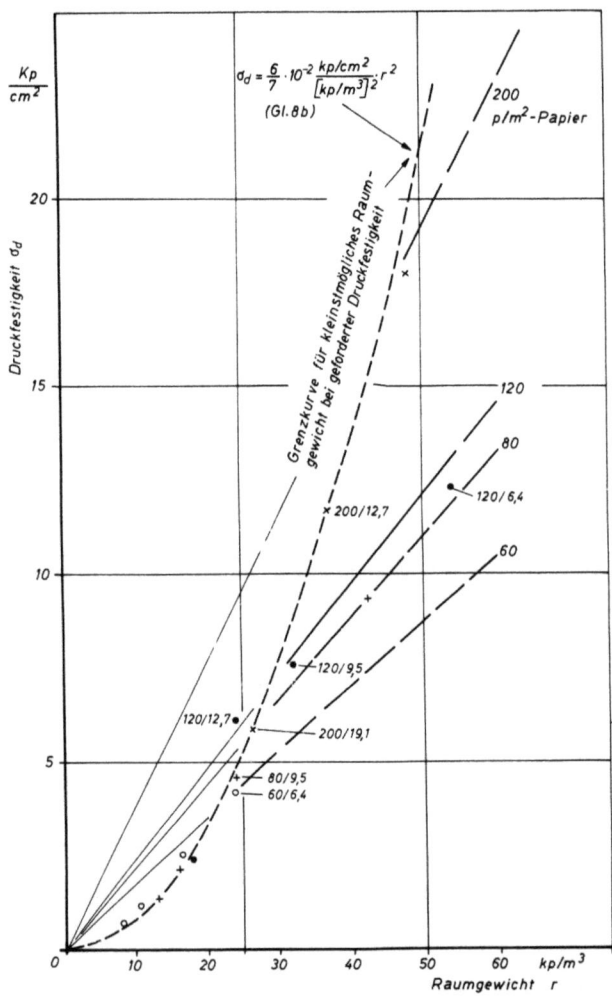

Abbildung 21

Mittelwerte der gemessenen Waben-Druckfestigkeiten in Abhängigkeit vom Waben-Raumgewicht

Wird beispielsweise für einen Sandwichkern (Abb. 1b) eine Druckfestigkeit von etwa 12 kp/cm^2 verlangt, so erhält man mit der Wabentype 200/12,7 diese Druckfestigkeit mit einem Raumgewicht von rund 37 kp/m^3, bei Benutzung der Wabentype 120/6,4, die etwa dieselbe Druckfestigkeit aufweist, aber schon weit von der Grenzkurve entfernt liegt (vgl. Abb. 21), müßte man mit einem Raumgewicht von 54 kp/m^3, d.h. mit fast 50% höherem Gewicht des Sandwichkernes rechnen.

Ist in einer stützstoffgefüllten Schale eine Druckfestigkeit des Stützstoffes um 5 kp/cm^2 erforderlich, so kommen z.B. die Wabentypen

200/19,1 oder 120/12,7 oder 80/9,5 oder 60/6,4 in Frage, die alle etwa dieselbe Druckfestigkeit bei gleichem Raumgewicht (etwa 25 kp/m^3) aufweisen.

Im unteren Raumgewichtsbereich, der für "gefüllte Schalen" interessant ist, kann man also ohne Verschlechterung des Druckfestigkeits-Gewichts-Verhältnisses Waben aus dünnen Papieren und kleinen Schlüsselweiten wählen, wodurch die Lösung der geschilderten Probleme der Verklebung und der örtlichen Beulung der Haut zwischen den Zellwänden (Abschnitt 3.1) erheblich erleichtert wird.

In der Praxis wird man die Papierstärke jedoch nicht unnötig gering wählen; denn je dünner das Papier ist, desto empfindlicher ist die Wabe gegen örtliche Beschädigungen, wie sie beispielsweise schon bei der Verarbeitung auftreten können. So wurde im Außenteil der Tragfläche des Segelflugzeuges D-34d [8] als Wabenfüllung der Glasfaserkunststoff-Schale die Wabe 80/9,5 gewählt, die eine Sondertype darstellt (vgl. Abschnitt 4). Bei der Verwendung der handelsüblichen Type 120/12,7 hätten die Probleme der Verklebung und der örtlichen Beulung zwischen den Zellwänden jedoch schon nicht mehr befriedigend gelöst werden können.

Die Schlüsselweite 6,4 mm sollte man aus Gründen der Gewichtsersparnis möglichst nicht anwenden, da die spezifische Druckfestigkeit außer beim 60 p/m^2 - Papier weit von der Optimalkurve entfernt liegt. Das 60 p/m^2 - Papier dürfte jedoch für die meisten Anwendungen zu empfindlich gegen örtliche Beschädigungen sein.

Abbildung 22 zeigt Mittelwerte aus 10 Messungen je Wabensorte und Standardabweichungen der Druck-E-Moduln. Die Variationskoeffizienten sind mit 6 bis 21% klein. Analog zur Gleichung (7a) kann man für den Waben-E-Modul, vorausgesetzt daß keine Beulung der Zellwände auftritt, schreiben:

$$E_d = E_{d_{Folie}} \cdot \frac{r}{\gamma} \qquad (13)$$

$E_{d_{Folie}}$ = E-Modul des Folienwerkstoffes bei Druckbeanspruchung

---

[8]. Konstruktion und Bau der Tragfläche durch die Akademische Fliegergruppe (Akaflieg) an der Technischen Hochschule Darmstadt

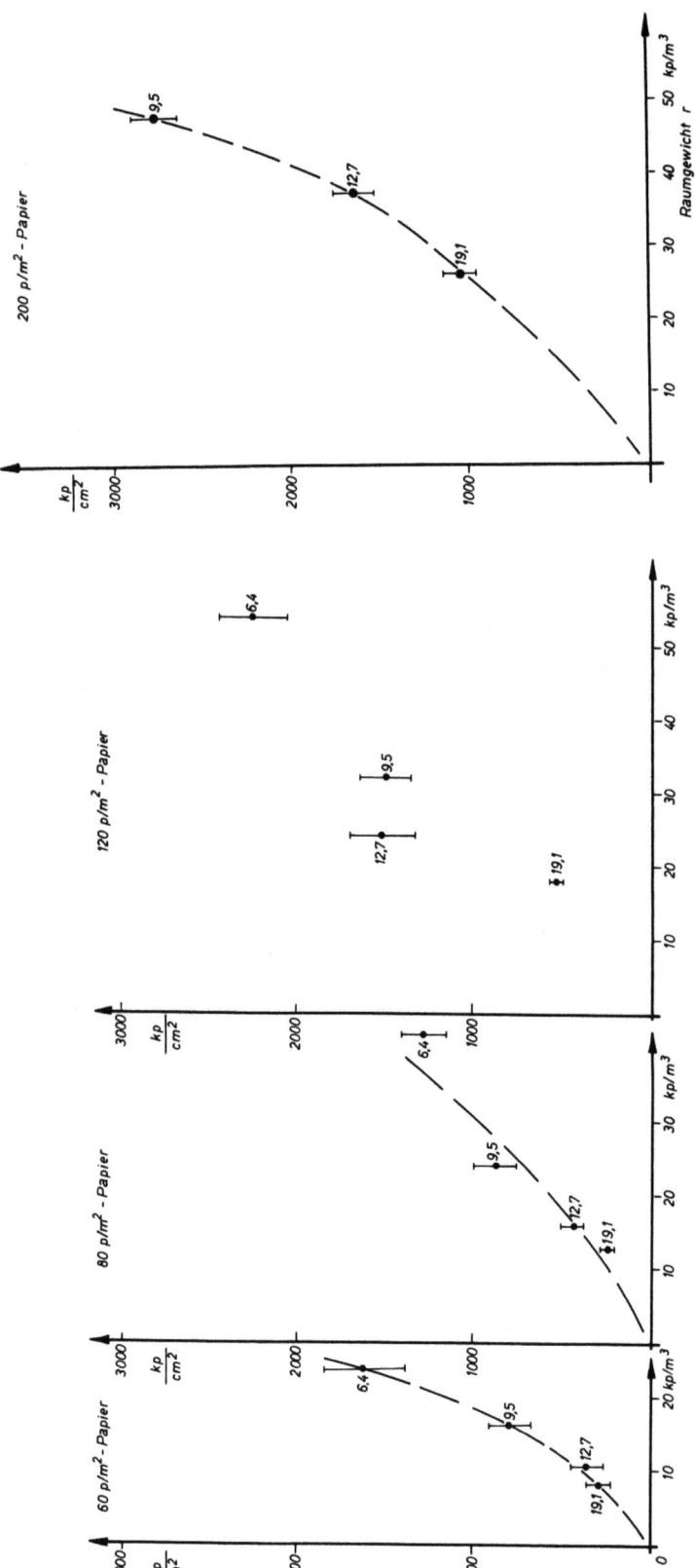

Abbildung 22

Mittelwerte und Standardabweichungen aus je 10 Messungen des Elastizitätsmoduls bei Druck
(teilweise sind Ausgleichskurven eingetragen)

Der Druck-E-Modul des Papieres konnte bisher experimentell nicht bestimmt werden. Setzt man statt dessen die gemessenen Zug-E-Moduln in die Beziehung (13) ein (vgl. auch Abb. 30), so erhält man rechnerisch Waben-E-Moduln, die z.T. erheblich größer sind als die gemessenen. Vermutlich werden auch die Waben-E-Moduln (für kleine Verformungen) durch Beulung der Zellwände beeinflußt. Eine ausgeprägte Beulgrenze konnte aus den Spannungs-Stauchungs-Schaubildern (Abb. 12) nicht abgelesen werden. Es muß daher angenommen werden, daß die meisten Wabentypen bereits bei kleinen Drucklasten leicht beulen. Dies ist auch deshalb zu erwarten, weil die Zellwände bereits eine durch die Herstellung bedingte Vorbeulung aufweisen.

Hinsichtlich der Druck-E-Moduln läßt sich keine Überlegenheit bestimmter Wabentypen feststellen, wie es bei der Druckfestigkeit der Fall war.

9.2 Ergebnisse der Schubversuche

Die Abbildungen 23 und 24 zeigen die Meßergebnisse für Schubfestigkeit τ und Schubmodul G bei Längsbelastung (Index l) und Querbelastung (Index q) gemäß Abschnitt 3.2 mit den Standardabweichungen. Bei den Schubfestigkeiten findet man für die verschiedenen Wabentypen Variationskoeffizienten zwischen 3 und 21%, bei den Schubmoduln zwischen 7 und 61%. Die Streuungen sind also wesentlich größer als bei den entsprechenden Werten aus den Druckversuchen. Für das Auftreten dieser ungewöhnlich breiten Streubereiche lassen sich verschiedene Gründe angeben.

Auffallend sind die besonders großen Streuungen der Schubmoduln. Variationskoeffizienten um 60% treten jedoch nur bei einigen wenigen Wabentypen mit kleinen Raumgewichten und dementsprechend niedrigen Schubmoduln auf. Bei diesen dürfte eine Ursache für große Streuungen in einer möglichen Fehlerquelle der Prüfapparatur zu suchen sein. Der benutzte Gelenkrahmen nach Abbildung 9 besaß keine völlig momentenfreien Lager, weil es bisher nicht vermieden werden konnte, daß Klebstoff an die Schneidenlager gelangte und diese teilweise verklebte. Die dadurch vorgetäuschte zusätzliche Schubsteifigkeit konnte nur als Mittelwert aus mehreren "Leer-Versuchen" mit verklebten Gelenkrahmen (d.h. es wurde wohl Klebstoff auf die Platten aufgetragen aber keine Wabenprobe

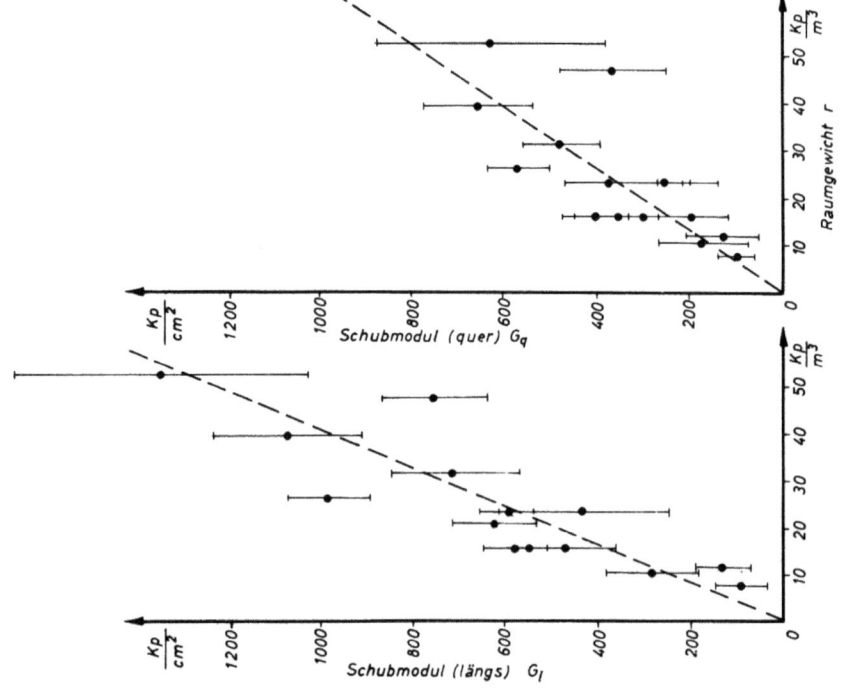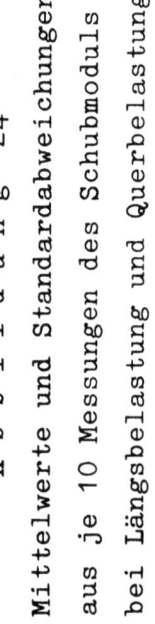

Abbildung 24

Mittelwerte und Standardabweichungen aus je 10 Messungen des Schubmoduls bei Längsbelastung und Querbelastung

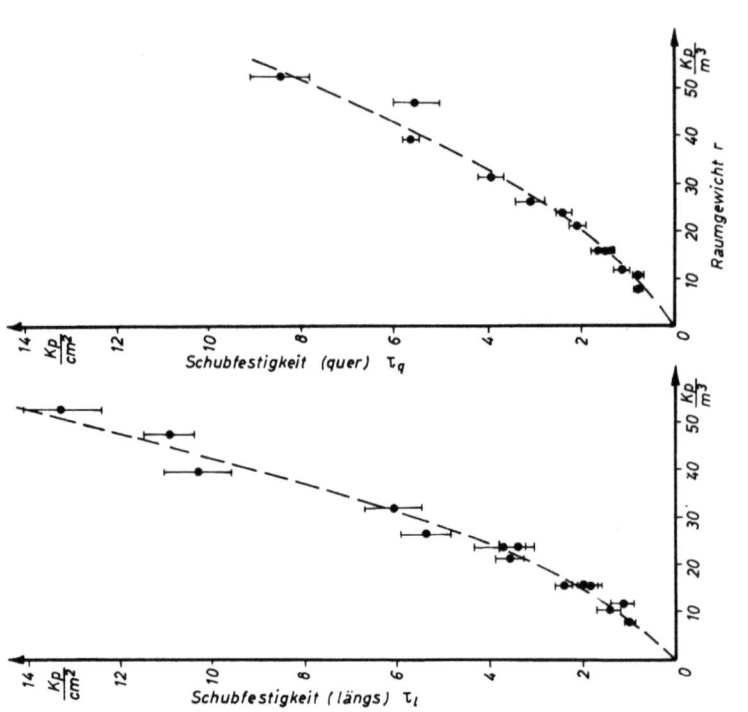

Abbildung 23

Mittelwerte und Standardabweichungen aus je 10 Messungen der Schubfestigkeit bei Längsbelastung und Querbelastung

eingesetzt) als Korrektur an den Meßwerten angebracht werden.

(Auf die Schubfestigkeit dürfte diese Verklebung der Schneidenlager keinen Einfluß haben, denn es wurde beobachtet, daß sie vor Erreichen der Höchstlast der Probe aufbrach.)

Des weiteren ist die Modulbestimmung durch das Anlegen einer Tangente an den Nullpunkt einer gekrümmten Kraft-Verformungskurve an sich schon kein Verfahren mit hoher Genauigkeit.

Im übrigen sind die Ursachen für starke Schwankungen im Material selbst zu suchen. Um dies verständlicher zu machen, seien folgende grundsätzliche Betrachtungen angeschlossen:

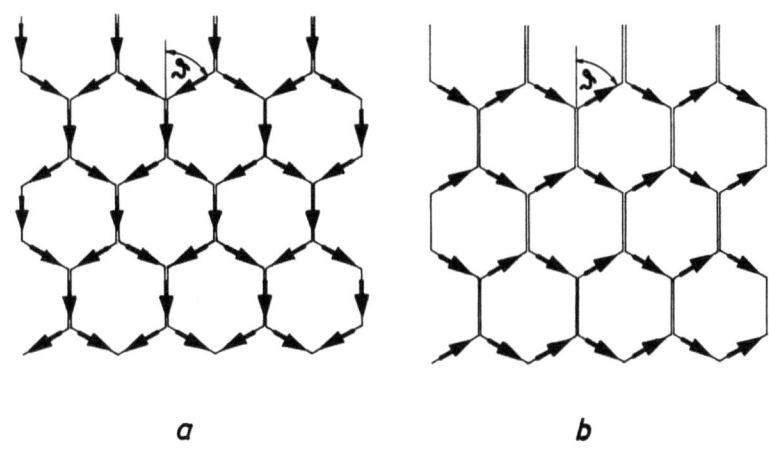

a   b

Abbildung 25
Fluß der Schubspannungen in regelmäßigen Sechseckwaben bei Längsbelastung (a) und Querbelastung (b)

In Abbildung 25 sind jeweils der Fluß der Schubspannungen in regelmäßigen Sechseckwaben bei Längsschubbelastung (a) und Querschubbelastung (b) eingezeichnet. Bei Querbelastung bleiben die Doppelwände spannungsfrei, sie können daher auch nicht zur Schubfestigkeit und Schubsteifigkeit beitragen. Daraus folgt, daß sich bei Querbelastung niedrigere Festigkeit und Steifigkeit ergeben müssen als bei Längsbelastung, bei der die Schubspannungen in Doppel- und Einfachwänden gleich groß sind.

Für gleichseitige Sechseckwaben mit beliebigem Expansionswinkel ϑ ergeben sich unter der Annahme, daß keine Beulung eintritt, theoretisch für die Schubfestigkeiten und -moduln die folgenden Ausdrücke, bei Längsbelastung:

$$\tau_l = \left[\frac{1 + \cos\vartheta}{2} \text{ bis } \frac{1 + \cos^2\vartheta}{2}\right]^{9)} \cdot \tau_{Folie} \cdot \frac{r}{\gamma} \qquad (14)$$

$$G_l = \left[\frac{1 + \cos^2\vartheta}{2} \text{ bis } \frac{(1 + \cos\vartheta)^2}{4}\right]^{9)} \cdot G_{Folie} \cdot \frac{r}{\gamma} \qquad (15)$$

bei Querbelastung:

$$\tau_q = \frac{\sin\vartheta}{2} \cdot \tau_{Folie} \cdot \frac{r}{\gamma} \qquad (16)$$

$$G_q = \frac{\sin^2\vartheta}{2} \cdot G_{Folie} \cdot \frac{r}{\gamma} \qquad (17)$$

G_{Folie} und τ_{Folie} sind der Schubmodul bzw. die Schubfestigkeit des Folienwerkstoffes.

Für regelmäßige Sechseckwaben bestimmt sich mit den obigen Beziehungen das Verhältnis von Längs-Schubmodul zu Quer-Schubmodul zu $G_l/G_q = 1{,}50$ bis $1{,}67$.

---

9. Zur Herleitung kann man entweder von der Forderung nach Kontinuität des Kraftflusses (Gleichgewichtsbedingungen) oder nach Kontinuität der Verformungen (Zusammenhangsbedingungen) im Wabenblock ausgehen. Beide Wege müssen zum gleichen Ergebnis führen, wenn richtige Annahmen über die Spannungs- und Verformungsverteilung im Wabenblock gemacht werden. Für Längsbelastung liefern die beiden Herleitungsmethoden bei Annahme einer reinen Schubbeanspruchung nach Abbildung 25a zwei verschiedene Ergebnisse. Daraus muß man darauf schließen, daß in Wirklichkeit eine kompliziertere Spannungsverteilung vorliegt als mit der einfachen Schubbeanspruchung angenommen wurde. Bei einer Schubbeanspruchung nach Abbildung 25a würde der Wabenblock sich so verformen, daß die Wabenzellränder nicht mehr in einer Ebene liegen. In Wirklichkeit werden die Wabenzellränder aber durch die Verklebung mit den Deckschichten nahezu in einer Ebene gehalten. Neben den Schubspannungen müssen also in Wirklichkeit an den Zellrändern noch Normalkraft-Gruppen in Zellachsrichtung wirken, deren Größe und Verteilung aber mit einfachen Methoden nicht zu erfassen ist. - Hier werden deshalb die Ergebnisse beider Herleitungsmethoden angegeben, die nach [6] die Grenzen für den tatsächlichen Wert darstellen.

Aus den in Abbildung 24 aufgetragenen Meßergebnissen ergibt sich im Mittel ein Verhältnis $G_l/G_q \approx 1,6$.

Um den wesentlichen Unterschied zwischen Schubversuch und Druckversuch zu verdeutlichen, seien nochmals die entsprechenden Gleichungen für Wabendruckfestigkeit (7a) und Druck-E-Modul der Waben (13) angeführt:

$$\sigma_d = \sigma_{d_{Folie}} \cdot \frac{r}{\gamma} \quad ; \quad E_d = E_{d_{Folie}} \cdot \frac{r}{\gamma}$$

Sowohl die Gleichungen für die Schubeigenschaften als auch für die Druckeigenschaften enthalten den Faktor r/γ, durch den die "Verdünnung" der Folieneigenschaften bei der Expansion zum Wabenblock zum Ausdruck kommt [vgl. Diskussion der Gl. (7b)]. Das Raumgewicht r ist u.a. eine Funktion des Expansionswinkels ϑ [vgl. Gl. (1a)]. In den Gleichungen (14) bis (17) erscheint neben dem Raumgewicht r als Vorfaktor eine weitere Funktion von ϑ. Sie wird im folgenden "Wegfunktion" genannt. Durch diese wird nämlich erfaßt, daß die Schubkräfte nicht unter Beibehaltung einer Richtung, die mit der Richtung der äußeren Kraft an der Probe zusammenfällt, durch den Wabenblock "fließen" können, sondern dem durch den Expansionswinkel ϑ beeinflußten Wellenweg der Folien folgen müssen (vgl. Abb. 25). In gewissen Bereichen verläuft deshalb im allgemeinen nur eine Komponente der Schubkraft einer Zellwand in Richtung der äußeren Belastung der Probe.

Besonders anschaulich wird dieser Sachverhalt für den Extremfall $\vartheta = 0$. Mit den Gleichungen (1a) und (14) bzw. (15) ergibt sich:

Für Längsbelastung:

$$r = \gamma$$
$$\tau_l = \tau_{Folie}; \quad G_l = G_{Folie}$$

Der Folienblock wirkt also wie ein dicker Papierblock, da die Richtung der äußeren Belastung mit der Folienrichtung zusammenfällt. Für Querbelastung folgt jedoch aus den Gleichungen (16) und (17):

$$\tau_q = 0; \quad G_q = 0$$

Die Folienrichtung verläuft senkrecht zur äußeren Schubkraft, d.h. die

Folien können keine Kraftkomponente aufbringen, die mit der äußeren Belastung ein Gleichgewicht herstellen könnte.

Bei der Druckbeanspruchung "fließt" die Kraft unabhängig von der Wellenform in allen Zellwänden in zur Zellenachse paralleler Richtung und damit parallel zur äußeren Druckkraft. In den theoretischen Gleichungen für die mechanischen Eigenschaften bei Druckbeanspruchung erscheint daher auch keine "Wegfunktion" von ϑ, sondern nur die "Verdünnungsfunktion" in Form von r/γ. Bei den Druckproben konnte daher eine Abweichung einzelner Proben in ϑ und damit im Raumgewicht durch die direkte Bestimmung der spezifischen Eigenschaften aus den Messungen keinen Einfluß auf Druckfestigkeit und Druck-E-Modul der Waben gewinnen (vgl. Abschnitt 8.2).

Daß die Schubkraft auf Umwegen durch den Wabenblock geleitet werden muß, hat zur Folge, daß der spezifische Schubmodul bzw. die spezifische Schubfestigkeit der Wabe kleiner ist als der spezifische Schubmodul bzw. die spezifische Schubfestigkeit des Folienwerkstoffes. Dies drückt sich darin aus, daß die "Wegfunktion" für endliche Winkel ϑ einen Wert kleiner als 1 liefert. In einer englischen Arbeit [6] wird sie deshalb auch als "shear efficiency" bezeichnet, was sinngemäß als "Ausnutzungsgrad" übersetzt werden könnte.

Die Abhängigkeit der Schubfestigkeit vom Expansionswinkel ϑ kann wegen der Abhängigkeit des Kraftweges von ϑ nicht durch eine einfache Auswertungsmethode aus den Meßergebnissen herauskorrigiert werden.

Die in Abschnitt 8.2 beschriebene Auswertungsmethode hat hier also nur den Sinn, die schwierige Bestimmung der Probenbreite zu umgehen.

Da der Expansionswinkel von Wabenblöcken schwanken kann und insbesondere bei der Probenherstellung unwillkürlich verändert wird, ist deshalb ohne weiteres verständlich, daß bei den gemessenen Schubeigenschaften größere Streubereiche auftreten müssen als bei den entsprechenden Druckeigenschaften.

Häufig schwankt der Expansionswinkel ϑ innerhalb eines Wabenblockes erheblich, besonders bei schwierig herzustellenden Wabentypen mit kleinen Schlüsselweiten und dicken Papieren, in extremen Fällen zwischen

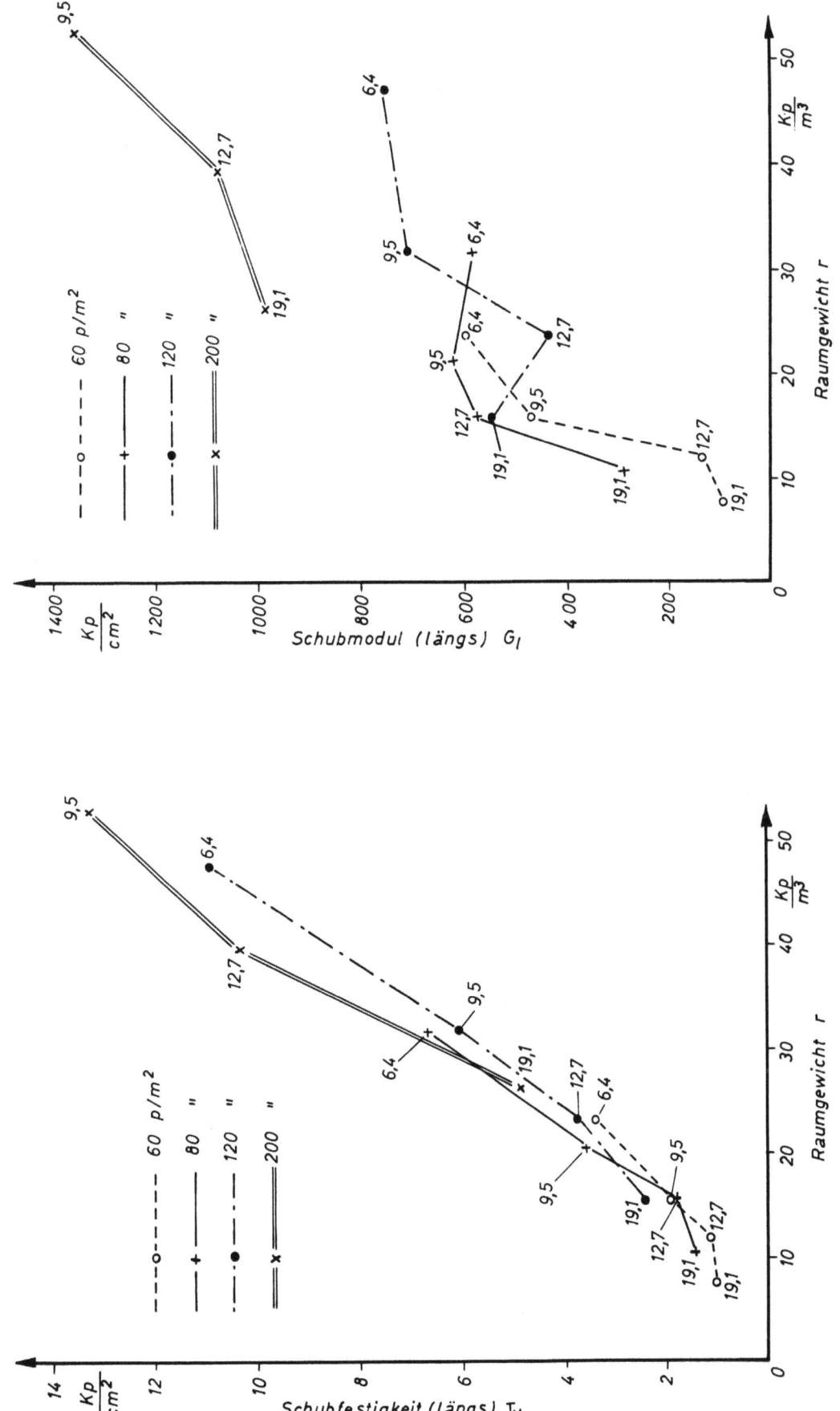

Abbildung 26

Mittelwerte der gemessenen Schubfestigkeiten und Schubmoduln bei Längsbelastung

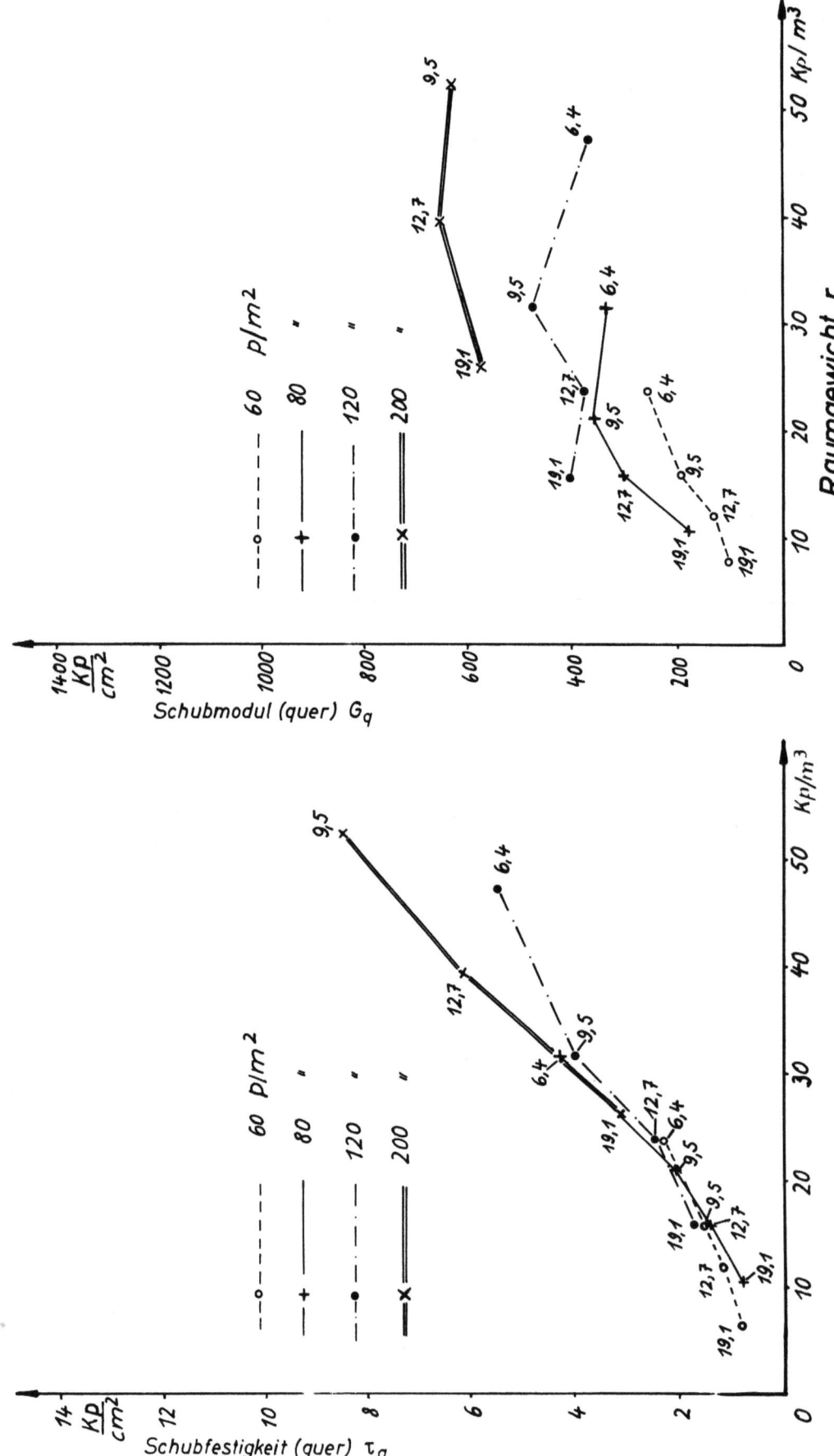

Abbildung 27 Mittelwerte der gemessenen Schubfestigkeiten und Schubmoduln bei Querbelastung

40 und 90°. Dadurch wird es unmöglich, alle Doppelwände in eine gewünschte Richtung zu bringen, wie es definitionsgemäß für reine Längs- bzw. Querschubbelastung gefordert ist.

Selbstverständlich gelten diese Betrachtungen nicht nur für Schubproben, sondern ebenso für die Schubeigenschaften von in Bauteilen eingesetzten Waben. Kommt es wie in Sandwichschalen in erster Linie auf die Schubeigenschaften des Stützstoffes an, so ist Regelmäßigkeit der Wabengeometrie eine wichtige Forderung.

Wie aus eingehenden theoretischen Untersuchungen und Beobachtungen des Bruchvorganges geschlossen werden kann, zeigen nur wenige Wabentypen im Bereich sehr kleiner Raumgewichte ein ausgeprägtes Beulen bei Schubbeanspruchung. Man kann annehmen, daß die meisten Meßwerte im Übergangsbereich zwischen Nachbeulbruch und reinem Festigkeitsbruch liegen (über die Schubfestigkeit im Nachbeulbereich liegt eine Arbeit von F. WERREN und C.B. NORRIS vor [15]). Aus diesem Grunde und auch wegen der großen Streuungen lassen sich keine eindeutigen Aussagen über die spezielle Eignung der einzelnen Wabentypen machen, wie es hinsichtlich der Druckfestigkeit möglich war. Aus den Abbildungen 26 und 27 kann man lediglich eine Überlegenheit der Waben aus 200 p/m^2 - Papier ablesen und zwar sowohl hinsichtlich der Schubfestigkeiten τ_l und τ_q als auch der Schubmoduln G_l und G_q.

9.3 Anwendbarkeit der Ergebnisse der vorliegenden Untersuchung für statische Berechnungen

Die Ergebnisse dieser Arbeit sollten nur für erste Überschlagsrechnungen und nicht für Festigkeitsnachweise benutzt werden, da die Frage nach der Reproduzierbarkeit der Wabeneigenschaften noch nicht durch genügend Messungen geklärt ist. An einigen wenigen Wabenlieferungen, die nach Abschluß der vorliegenden Untersuchungen zur Herstellung von Versuchbauteilen eintrafen, wurden Stichprobenversuche vorgenommen. Die Ergebnisse sind in Tabelle 3 zusammengestellt. Sie zeigen, daß sich für gleiche Wabentypen aus verschiedenen Lieferungen die Streubereiche nicht immer überschneiden. Teilweise wurden allerdings bewußt das Tränkverfahren und die Aushärtungsbedingungen verändert (vgl. auch Tabelle 1).

Tabelle 3

Streubereiche (Mittelwerte ± Standardabweichungen) für Längs-Schubfestigkeit und Längs-Schubmodul aus Stichprobenversuchen von verschiedenen Wabenlieferungen (jeweils 10 Proben)

		Wabentype 80/9,5				Wabentype 120/9,5	
	aus Lieferung I schwach gehärtet	aus Lieferung II stark getränkt schwach gehärtet	Wabe aus ungetränktem Papier hergestellt, nachträglich getränkt; stark gehärtet	Wabe aus ungetränktem Papier hergestellt, nachträglich getränkt; stark gehärtet	Vergleichswert aus Hauptversuchsreihe	aus Lieferung II schwach getränkt schwach gehärtet	Vergleichswert aus Hauptversuchsreihe
Raumgewicht r [kp/m³]	27,3	23,1	20,3	21,4	26,2	27,2	31,6
Schubfestigkeit (längs) τ_l [kp/cm²]	2,94÷3,32	3,82÷4,70	2,51÷3,42	3,22÷3,58	4,07÷4,83	4,67÷6,72	5,37÷6,65
Schubmodul (längs) G_l [kp/cm²]	457÷583	552÷632	518÷692	620÷910	657÷885	460÷725	564÷850

Es empfiehlt sich also, für Festigkeitsnachweise durch Kontrollversuche festgestellte Werte zu benutzen. Auf jeden Fall sind die Streuungen zu beachten. Normalerweise wird man die Minimalwerte in die Rechnung einführen.

Die vorliegende Untersuchung enthält keine Angaben über eine eventuelle Abminderung der mechanischen Werte für Papierwaben durch Umwelteinflüsse. Eine vor kurzem begonnene Arbeit über diese Frage wird sich über einen größeren Zeitraum erstrecken.

Die Möglichkeit einer Schädigung durch Umwelteinflüsse [16] muß zunächst von Fall zu Fall durch Wahl entsprechender Sicherheitsfaktoren berücksichtigt werden.

9.4 Vergleich der mechanischen Eigenschaften der untersuchten Papierwaben mit denen anderer Stützstoffe

Zum Vergleich der mechanischen Eigenschaften sind in den Abbildungen 28 bis 32 die Festigkeiten und Moduln der untersuchten Papierwaben, von Waben aus Aluminium und Glasfaserkunststoff sowie von einigen Schaumstoffen in Abhängigkeit vom Raumgewicht aufgetragen.

Die mechanischen Eigenschaften der Waben sind denen der Schaumstoffe um ein Vielfaches überlegen. Schaumstoffe sind nahezu isotrop und somit den speziellen, an Stützstoffe gestellten Anforderungen nicht angepaßt (vgl. Abschnitt 3.2).

Unter den Wabenstoffen zeigen die Papierwaben bei den Festigkeiten eine leichte Überlegenheit, bei den Steifigkeiten eine leichte Unterlegenheit bzw. Gleichwertigkeit. Der Vergleich ist nur in dem Raumgewichtsbereich sinnvoll, in dem sich die durch die Herstellbarkeit bedingten Raumgewichtsbereiche für die verschiedenen Werkstoffe überschneiden. Mit Natronkraftpapier sind offenbar im Vergleich zu Aluminium und Glasfaserkunststoff die kleinsten Raumgewichte ausführbar. Es muß ausdrücklich vermerkt werden, daß die angestellten Vergleiche nur mit gewissen Vorbehalten als gültig betrachtet werden dürfen, da z.T. unterschiedliche Prüfmethoden für die verschiedenen Wabenwerkstoffe angewandt wurden. Man erkennt jedoch, daß die mechanischen Eigenschaften von Papierwaben durchaus in derselben Größenordnung

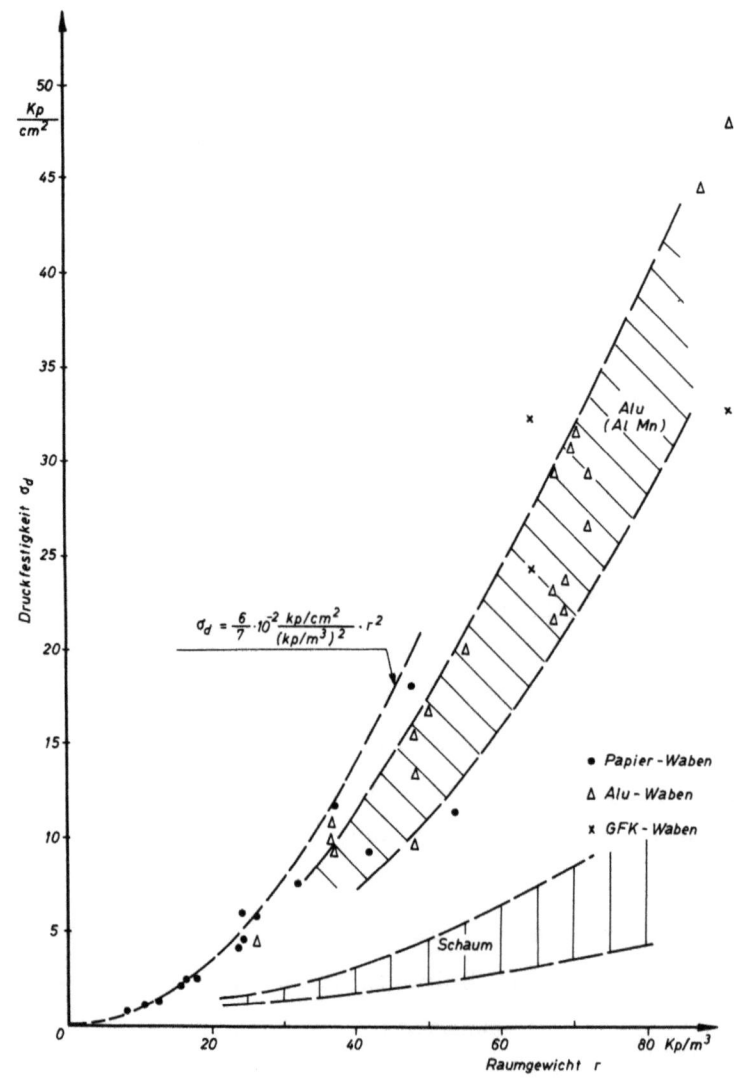

Abbildung 28

Druckfestigkeiten von Waben aus Natronkraftpapier, Aluminium (AlMn) und Glasfaserkunststoff (GFK) sowie von Kunststoffschäumen. Meßwerte für Papierwaben aus vorliegender Untersuchung (vgl. Abb. 21)

Werte für Aluminiumwaben nach [10]

Werte für GFK-Waben nach [4]

Werte für Schaumstoffe nach [17, a, b]

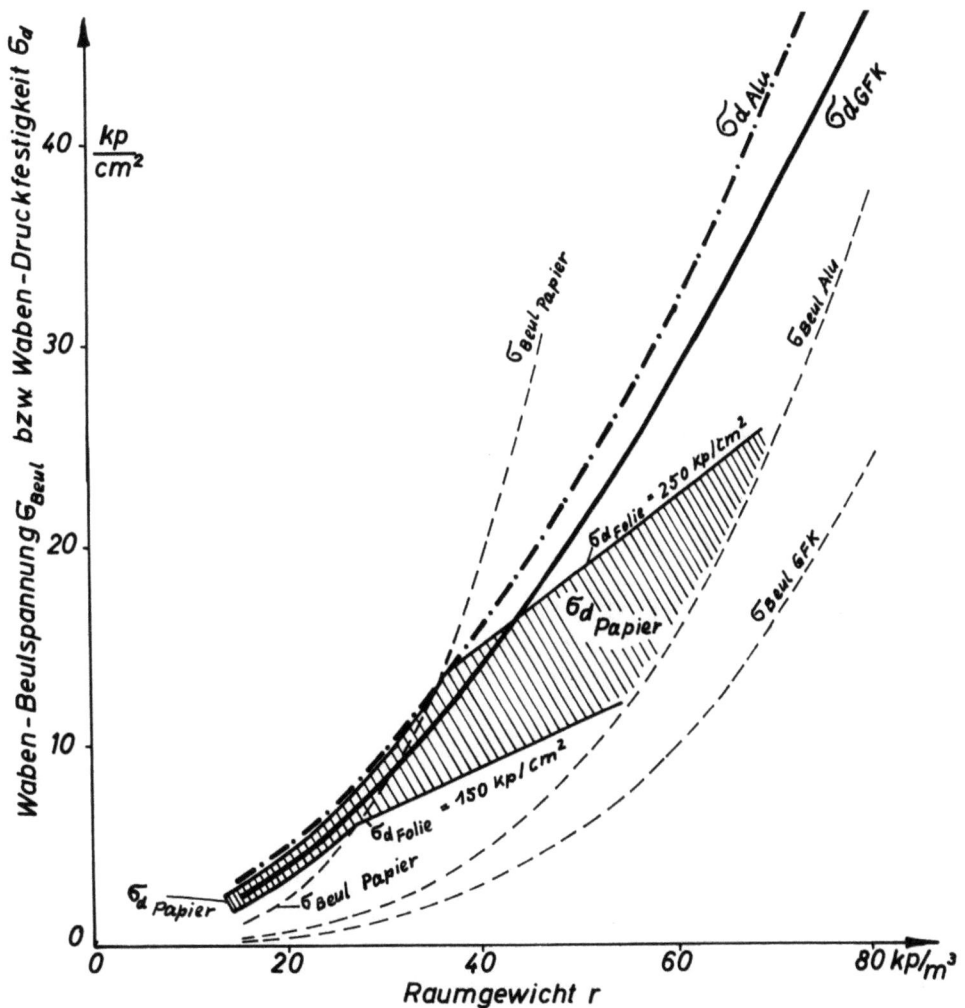

Abbildung 29

Rechnerische Waben-Beulspannung und Waben-Druckfestigkeit für Papier-, Aluminium- und Glasfaserkunststoff (GFK) - Waben. Der für Papierwaben eingetragene Bereich ergibt sich unter der Annahme, daß die Druckfestigkeit des Papieres (Folie) zwischen 150 und 250 kp/cm² liegen kann (vgl. Abb. 20); weitere Rechenwerte für Papier wie in Abb. 18

Für die anderen Werkstoffe wurden folgende Größen angenommen:

Aluminium (AlMg3): $E = 700\,000$ kp/cm²; $\gamma = 2650$ kp/m³;
$\sigma_{d_{Folie}} = 2400$ kp/cm² (Streckgrenze)

Glasfaserkunststoff: $E = 100\,000$ kp/cm²; $\gamma = 1600$ kp/m³;
$\sigma_{d_{Folie}} = 1500$ kp/cm²

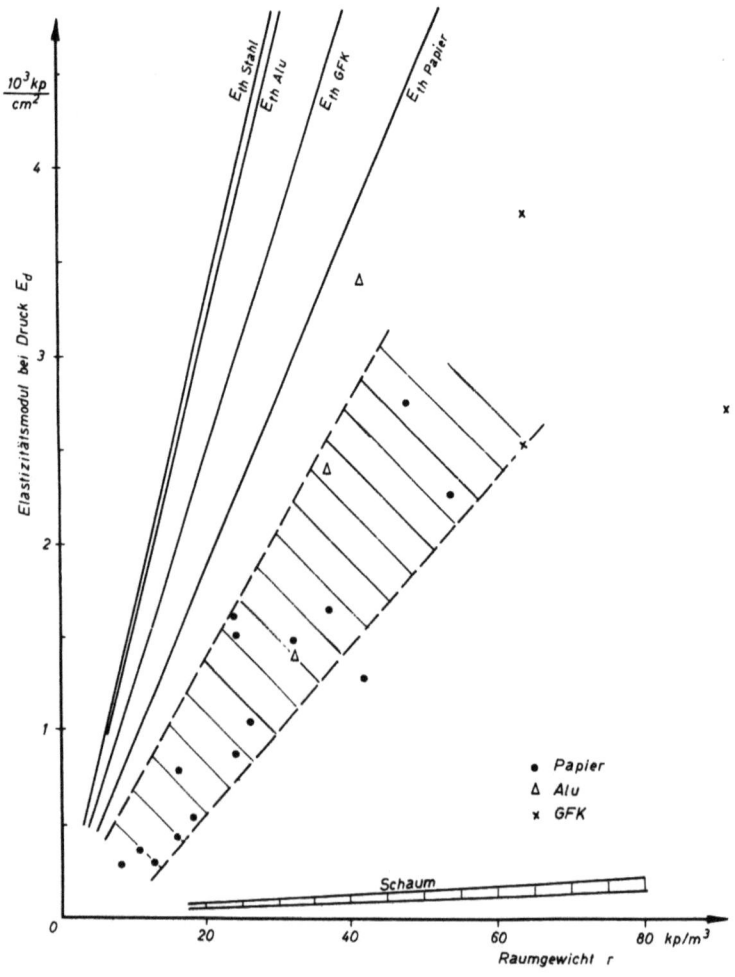

Abbildung 30

Elastizitätsmoduln bei Druckbeanspruchung von Waben aus Natronkraftpapier, Aluminium und Glasfaserkunststoff (GFK) sowie von Kunststoffschäumen. Die eingetragenen Geraden E_{th} geben die theoretisch höchstmöglichen E-Moduln an, die erreicht würden, wenn bei Druckbeanspruchung keine Beulung auftreten würde.
Meßwerte für Papierwaben aus vorliegender Untersuchung
Werte für Aluminium (H2) - Waben und GFK-Waben nach [4]
Werte für Schaumstoffe nach [17, c]

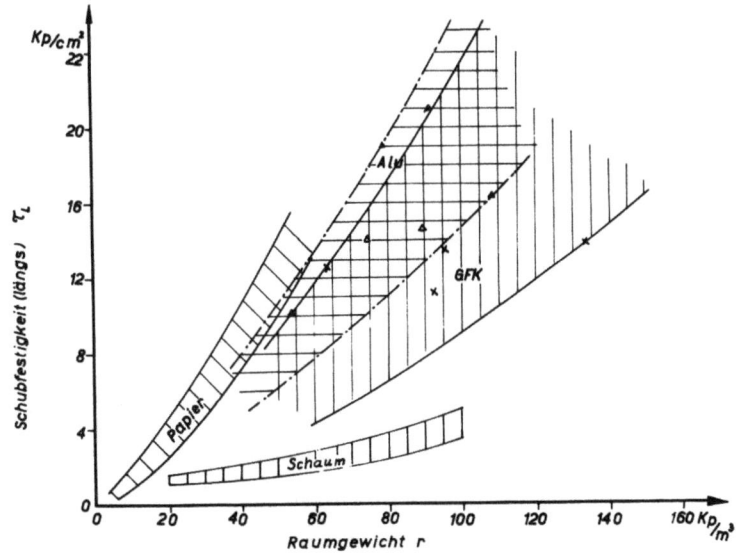

Abbildung 31

Schubfestigkeiten bei Längsbelastung von Waben aus Natronkraftpapier, Aluminium und Glasfaserkunststoff (GFK) sowie von Kunststoffschäumen.
Bereich für Papierwaben aus vorliegender Untersuchung
Meßwerte für Aluminium- und GFK-Waben nach [4]
Werte für Schaumstoffe nach [17, b]

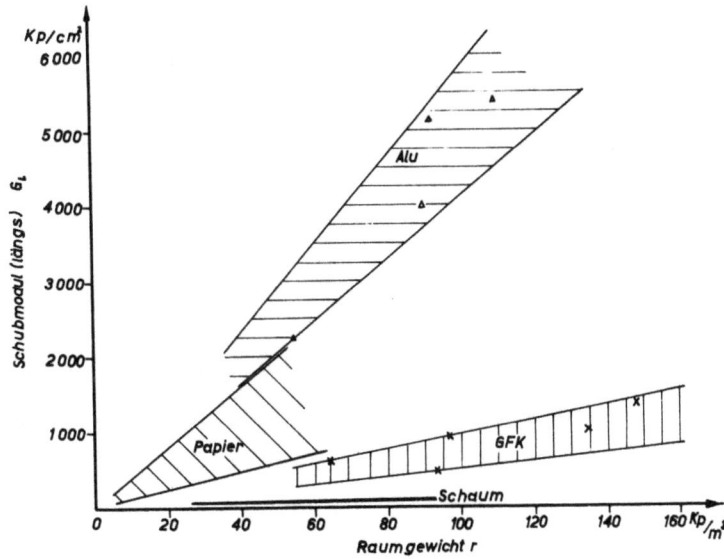

Abbildung 32

Schubmoduln bei Längsbelastung von Waben aus Natronkraftpapier, Aluminium und Glasfaserkunststoff (GFK) sowie von Kunststoffschäumen.
Bereich für Papierwaben aus vorliegender Untersuchung
Meßwerte für Aluminium- und GFK-Waben nach [4]
Werte für Schaumstoffe nach [17, c]

liegen wie diejenigen von Aluminiumwaben oder Waben aus glasfaserverstärktem Kunststoff. Die durch Umwelteinflüsse hervorgerufenen Veränderungen sind hierbei allerdings nicht berücksichtigt.

Der Leichtbaukonstrukteur kann aus den vorliegenden Diagrammen zur Beurteilung des Gewichtsaufwandes bei Verwendung verschiedener Stützstoffe Kennwerte nach Abschnitt 3.3 ermitteln.

Auch theoretisch ergeben sich für Waben aus Natronkraftpapier, Aluminium (AlMg3) und Glasfaserkunststoff im untersuchten Raumgewichtsbereich etwa gleiche Druckfestigkeiten. Zur Berechnung der in Abbildung 29 eingetragenenen Kurven für die Waben-Beulspannung und die Waben-Druckfestigkeit wurden die Gleichungen (9b) bzw. (12) benutzt. Die Beulspannung von Papierwaben liegt wesentlich höher als die von Aluminium oder Glasfaserkunststoffwaben gleichen Raumgewichts (gestrichelte Kurven). Dies ist vor allem auf das kleine spezifische Gewicht von phenolharzgetränktem Natronkraftpapier zurückzuführen (0,675 p/cm^3), welches bei einem vorgeschriebenen Raumgewicht und festgelegter Zellgröße verhältnismäßig dicke Zellwände erlaubt, die erst bei relativ hoher Belastung beulen.

Die große Bedeutung des spezifischen Gewichtes γ für das Beul- und Nachbeulverhalten wird in den Gleichungen (9c), (10b) und (11b) sichtbar. Sie enthalten die Ausdrücke

$$\frac{E_{Folie}}{\gamma^3} \; ; \; \left(\frac{E_{Folie}}{\gamma^5}\right)^{1/3} \; bzw. \; \left(\frac{E_{Folie}}{\gamma^4}\right)^{1/2} .$$

Für die Beantwortung der Frage, ob ein neuer Werkstoff als Folienwerkstoff zur Wabenherstellung aussichtsreich ist, dürften obige Ausdrücke von Nutzen sein. Bessere Übersicht gibt jedoch das Auftragen der theoretischen Waben-Druckfestigkeit nach Gleichung (12) und Vergleich mit den Kurven σ_d der Abbildung 29. Für die Waben-Schubfestigkeit dürften ganz ähnliche Verhältnisse vorliegen wie für die Druckfestigkeit.

Bei höherem Raumgewicht ergibt sich wegen der geringen Druckfestigkeit des Papieres theoretisch eine starke Unterlegenheit der Papierwaben gegenüber den anderen Wabensorten.

In Abbildung 30 sind neben den gemessenen Werten auch die höchstmöglichen, theoretischen E-Moduln nach Gleichung (13) eingetragen. Wahrscheinlich durch Vorbeulung bedingt, bleiben die Meßwerte für alle Wabensorten unter den theoretischen Höchstwerten.

Beim Vergleich der Schubmoduln, der für Sandwichkonstruktionen von entscheidender Bedeutung ist, schneiden die Waben aus Glasfaserkunststoff besonders ungünstig ab (Abb. 32). Der Schubmodul des Folienwerkstoffes und somit auch der Wabe ließe sich jedoch bei gleichem Gewicht etwa verdoppeln[10], wenn man das Gewebe, das in Kette und Schuß gleich stark sein sollte, unter 45° zur Zellachse orientieren würde.

Zu dem hier angestellten Vergleich der verschiedenen Stützstoffe ist zu bemerken, daß zur Beurteilung ihrer Einsatzmöglichkeit in hochbeanspruchten Schalenkonstruktionen die Betrachtung der in dieser Arbeit behandelten mechanischen Eigenschaften allein nicht ausreicht. Besonders erwünscht ist neben hoher Steifigkeit und Festigkeit vor allem auch eine Unempfindlichkeit gegen örtlich begrenzte Stoß- oder Schlagbeanspruchungen. Hierin dürften manche Schaumstoffe, insbesondere die zähen PVC-Schäume den meisten Wabenstoffen überlegen sein. Unter den Wabenstoffen weisen vermutlich die Aluminiumwaben die geringste Empfindlichkeit gegen Schlagbeanspruchungen auf, da sie bei örtlicher Überlastung zusammenknittern, ohne daß die Folien zerbrechen. Man kann daher vermuten, daß nach einer solchen Beschädigung noch eine gewisse Tragfähigkeit des Bauteiles erhalten bleibt. Papierwaben sind nur dann einigermaßen unempfindlich gegen Schlagbeanspruchungen, wenn bestimmte Tränkungs- und Härtungsbedingungen recht genau eingehalten werden.

10. Beispiel für die Anwendung der Ergebnisse

Für den Bau einer Tragfläche (Segelflugzeug D-34d der Akademischen Fliegergruppe Darmstadt), die im Prinzip als stützstoffgefüllte Schale (Abb. 1a) aus glasfaserverstärktem Kunstharz aufgebaut ist, wurden Papierwaben gewählt, die die geforderte Druckfestigkeit bei kleinstmöglichem Raumgewicht und kleiner Schlüsselweite ergeben. Im äußeren Bereich des Flügels wurden Waben vom Typ 80/9,5 und im Innenbereich

---

10. K. WEISE, unveröffentlichte Studienarbeit, Lehrstuhl für Werkstoffkunde, TH Darmstadt (1959)

vom Typ 120/9,5 vorgesehen. Diese Wabentypen besitzen annähernd das optimale Druckfestigkeits-Gewichtsverhältnis, da sie nahe der Grenzkurve für kleinstmögliches Raumgewicht bei vorgegebener Druckfestigkeit (Abb. 21) liegen.

Ausreichende statische Festigkeit gemäß den Bauvorschriften für Segelflugzeuge wurde durch mehrere Bruchversuche an Versuchsbauteilen nachgewiesen. In einem Betriebsfestigkeitsversuch wurde ein Testflügel 9000-mal einer Belastung unterworfen, wie sie im Fluge bei einem harten Abfangen mit 3,2facher Erdbeschleunigung auftritt. Nach diesem Versuch konnte keinerlei Schädigung festgestellt werden.

Abbildung 33 zeigt den Originalflügel auf der Helling sowie einen Schnitt durch einen Versuchsflügel, der die Papierwabenfüllung erkennen läßt.

A b b i l d u n g 33
Tragflügel für das Segelflugzeug D-34d mit 13 m Spannweite auf der Bauhelling. Links im Vordergrund ein wabengefülltes Querruder. Rechts unten ein Schnitt durch den tragenden Verband des Glasfaserkunststoff-Schalenflügels mit Wabenfüllung

Der Originalflügel befindet sich seit Ende März 1961 in der Flugerprobung.

11. Zusammenfassung

Die wichtigsten Ergebnisse dieser Arbeit lassen sich folgendermaßen zusammenfassen:

1. Es ist zweckmäßig, bei der Auswertung der Messungen zunächst spezifische Festigkeiten und Moduln (auf das Raumgewicht bezogen) zu bestimmen und Festigkeiten und Moduln durch Multiplikation mit dem mittleren Raumgewicht der betreffenden Wabentype zu berechnen.
2. Ein Einfluß der Probenhöhe auf die Festigkeit konnte an Waben mit 9,5 mm Schlüsselweite weder bei Druck- noch bei Schubversuchen festgestellt werden (Druckproben 10 bis 100 mm, Schubproben 10 bis 80 mm Höhe).
3. Die Zahl der in einer Probe vereinigten Doppel-Y-Elemente hat in Grenzen von 3 bis 100 keinen nachweisbaren Einfluß auf die Druckfestigkeit.
4. Die Streuungen von Druckfestigkeit und Druck-E-Modul sind in Anbetracht der vielen Einflußgrößen als relativ klein anzusprechen. Die Streubereiche der Schubeigenschaften erweisen sich vergleichsweise als sehr groß. Dies ist vor allem auf die Abhängigkeit des Schubflußverlaufes von der Geometrie des Wabenblockes zurückzuführen. Geringe Schwankungen der Schubeigenschaften dürften nur durch sehr regelmäßige Wabengeometrie zu erreichen sein.
5. Im unteren Bereich der untersuchten Raumgewichte, der für stützstoffgefüllte Schalen interessant ist, sind die mechanischen Eigenschaften im wesentlichen nur vom Raumgewicht, d.h. nur vom Verhältnis von Folienflächengewicht q zur Schlüsselweite s [Gl. (1b)] abhängig. Man kann also dünne Papiere und kleine Schlüsselweiten ohne Einbuße an Festigkeit und Steifigkeit anwenden. Im oberen Raumgewichtsbereich, der für Sandwichkerne in Frage kommt, ergeben die schwereren Papiere überlegene Wabeneigenschaften. Diese Verhältnisse zeigen sich deutlich nur bei der Druckfestigkeit. Bei Schub sind die Verhältnisse wegen größerer Streuungen weniger übersichtlich.
6. Beim Vergleich der mechanischen Eigenschaften der untersuchten Papierwaben mit denen von Kunststoffschäumen zeigt sich eine deutliche Überlegenheit der Papierwaben. Aus Natronkraftpapier lassen sich Waben mit kleineren Raumgewichten herstellen als dies mit Aluminium

oder Glasfaserkunststoff möglich ist. Die untersuchten mechanischen Eigenschaften von Papierwaben sind etwa gleich denen von Aluminiumwaben und Glasfaserkunststoffwaben gleicher Raumgewichte.

Herr Dr.-Ing. E. GIENCKE vom Institut und Lehrstuhl für Luftfahrttechnik an der Technischen Hochschule Darmstadt hat uns bei der Bearbeitung theoretischer Fragen wertvolle Hilfe geleistet. Herrn Professor Dr. K.-H. HELLWEGE und Herrn Dr. W. KNAPPE danken wir für Förderung und Diskussion dieser Arbeit.

                                    cand.ing. Hartmut Bossel
                                    cand.ing. Walter Heil
                                    Dipl.-Ing. Alfred Puck

Literaturverzeichnis

[1] NOTON, B.R.   Sandwich-Bauweise in der Flugzeugindustrie und anderen Industriezweigen
Aluminium 34 (1958)
8, S. 446/457; 9, S. 522/529
10, S. 591/595; 12, S. 719/727
35 (1959)
1, S. 36/44; 5, S. 266/274

[2] MAY, G.   Paper, Plastics and Weight-saving
The Aeroplane,
1. Nov. 1957, S. 650/653
8. Nov, 1957, S. 686/689

[3] NOTON, B.R.   Sandwichkonstruktioner med cellkärnor av papper
Teknisk Tidskrift 89 (1959)
15. Mai, S. 513/521
Sandwichkonstruktioners egenskaper och användning
Teknisk Tidskrift 89 (1959)
16. Okt., S. 1011/1021

[4] VOSS, A.W.   Mechanical Properties of some Low-Density Materials and Sandwich Cores
Forest Products Laboratory, USA
Report No. 1826 (1952)

[5] KUNO, J.B.   Design Considerations for Sandwich Constructions
NARMCO, Costa Mesa, Calif.

[6] KELSEY, S., R.H. GELLATHY und B.W. CLARK   The Shear Modulus of Foil Honeycomb Cores
Aircraft Engineering 356 (Oct. 58)
S. 294/302

[7] NOTON, B.R.   Honeycomb Sandwich Construction in Civil and Military Aircraft
Preprint from the Proceedings of the Second European Aeronautical Congress
Scheveningen, the Netherlands 1956
S. 53.76/53.81

[8] PLEINES, E.W.　　　　　　　　　Sandwich-Konstruktionen mit Waben-
　　　　　　　　　　　　　　　　　　zellkernen im Flugzeugbau
　　　　　　　　　　　　　　　　　　Luftfahrttechnik $\underline{4}$ (1958) 9, S. 235

[9] LITZ, E.　　　　　　　　　　　 Sandwichbauweisen mit Metallwabenker-
　　　　　　　　　　　　　　　　　　nen
　　　　　　　　　　　　　　　　　　Luftfahrttechnik $\underline{4}$ (1958) 7, S. 197

[10]　　　　　　　　　　　　　　　　Honeycomb-Sandwich
　　　　　　　　　　　　　　　　　　Vereinigte Leichtmetall-Werke, Bonn
　　　　　　　　　　　　　　　　　　Technischer Bericht Nr. 1
　　　　　　　　　　　　　　　　　　S. 14, 22/25

[11] RINGELSTETTER, L.A.,　　　　　 Effect of Cell Shape on Compressive
　　　 A.W. VOSS und　　　　　　　　 Strength of Hexagonal Honeycomb Struc-
　　　 C.B. NORRIS　　　　　　　　　 tures
　　　　　　　　　　　　　　　　　　National Advisory Committee for Aero-
　　　　　　　　　　　　　　　　　　nautics (**NACA**)
　　　　　　　　　　　　　　　　　　Technical Note 2243 (1950)

[12]　　　　　　　　　　　　　　　　Methods of Test for Determining
　　　　　　　　　　　　　　　　　　Strength Properties of Core Material
　　　　　　　　　　　　　　　　　　for Sandwich Construction at Normal
　　　　　　　　　　　　　　　　　　Temperatures
　　　　　　　　　　　　　　　　　　Forest Products Laboratory, USA
　　　　　　　　　　　　　　　　　　Report No. 1555 S. 5
　　　　　　　　　　　　　　　　　　Report No. 1556 S. 6

[13] NORRIS, C.B.　　　　　　　　　　An Analysis of the Compressive
　　　　　　　　　　　　　　　　　　Strength of Honeycomb Cores for Sand-
　　　　　　　　　　　　　　　　　　wich Constructions
　　　　　　　　　　　　　　　　　　National Advisory Committee for
　　　　　　　　　　　　　　　　　　Aeronautics (**NACA**)
　　　　　　　　　　　　　　　　　　Technical Note 1251 (1947)

[14] AGYRIS, J.H. und　　　　　　　　Handbook für Aeronautics, No. 1
　　　 P.C. DUNNE　　　　　　　　　　Structural Principles and Data,
　　　　　　　　　　　　　　　　　　Part 2
　　　　　　　　　　　　　　　　　　Royal Aeronautical Society
　　　　　　　　　　　　　　　　　　London 1952, Sir Isaac Pitman & Sons
　　　　　　　　　　　　　　　　　　4. Aufl. S. 146 ff.

[15] **WERREN**, F. und　　　　　　　Analysis of Shear Strength of Honey-
　　　 C.B. NORRIS　　　　　　　　　 comb Cores for Sandwich Constructions
　　　　　　　　　　　　　　　　　　National Advisory Committee for Aero-
　　　　　　　　　　　　　　　　　　nautics (**NACA**)
　　　　　　　　　　　　　　　　　　Technical Note 2208 (1950)

[16] HEEBINK, B.G.,
W.J. KOMMERS und
A.A. MOHAUPT

Durability of Low-Density Core Materials and Sandwich Panels of the Aircraft Type as determined by Laboratory Tests and Exposure to the Weather
Forest Products Laboratory, USA
Report No. 1573-B (1950)

SETTERHOLM, V.C.,
B.G. HEEBINK und
E.W. KUENZI

Forest Products Laboratory, USA
Report No. 1573-C (1955)

[17] BLUME, W.

Festigkeitseigenschaften kombinierter Leichtbaustoffe im Hinblick auf die Verkehrstechnik, insbesondere des Flugzeugbaus.
Forschungsberichte des Wirtschafts- und Verkehrsministeriums Nordrhein-Westfalen
Nr. 487 (1958) S. 53, 55, 56, 57, 61
Westdeutscher Verlag, Köln und Opladen

Firmenprospekte

[a]   Le Klégécell, Paris, Notice 8, April 1956
[b]   BASF, Ludwigshafen
Die Verarbeitung von Styropor zu Schaumstoffen
[c]   Airex, Sins (Aargau), Prospekt E8/58

FORSCHUNGSBERICHTE
DES LANDES NORDRHEIN-WESTFALEN

Herausgegeben
im Auftrage des Ministerpräsidenten Dr. Franz Meyers
von Staatssekretär Professor Dr. h. c., Dr. E. h. Leo Brandt

CHEMIE

HEFT 2
Prof. Dr. W. Fuchs †, Aachen
Untersuchungen über absatzfreie Teeröle
1952, 32 Seiten, 5 Abb., 6 Tabellen, DM 10,—

HEFT 6
Prof. Dr. W. Fuchs †, Aachen
Untersuchungen über die Zusammensetzung und Verwendbarkeit von Schwelteerfraktionen
1952, 36 Seiten, DM 10,50

HEFT 7
Prof. Dr. W. Fuchs †, Aachen
Untersuchungen über emsländisches Petrolatum
1952, 36 Seiten, 1 Abb., 17 Tabellen, DM 10,50

HEFT 16
Max-Planck-Institut für Kohlenforschung, Mülheim a. d. Ruhr
Arbeiten des MPI für Kohlenforschung
1953, 104 Seiten, 9 Abb., DM 17,80

HEFT 25
Gesellschaft für Kohlentechnik mbH, Dortmund-Eving
Struktur der Steinkohlen und Steinkohlen-Kokse
1953, 58 Seiten, DM 11,—

HEFT 30
Gesellschaft für Kohlentechnik mbH, Dortmund-Eving
Kombinierte Entaschung und Verschwelung von Steinkohle: Aufarbeitung von Steinkohlenschlämmen zu verkokbarer oder verschwelbarer Kohle
1953, 56 Seiten, 16 Abb., 10 Tabellen, DM 10,50

HEFT 36
Forschungsinstitut der Feuerfest-Industrie, Bonn
Untersuchungen über die Trocknung von Rohton, Untersuchungen über die technische Reinigung von Silika- und Schamotte-Rohstoffen mit chlorhaltigen Gasen
1953, 60 Seiten, 5 Abb., 5 Tabellen, DM 11,—

HEFT 42
Prof. Dr. B. Helferich, Bonn
Untersuchungen über Wirkstoffe — Fermente — in der Kartoffel und die Möglichkeit ihrer Verwendung
1953, 58 Seiten, 9 Abb., DM 11,—

HEFT 46
Prof. Dr. W. Fuchs †, Aachen
Untersuchungen über die Aufbereitung von Wasser für die Dampferzeugung in Benson-Kesseln
1953, 58 Seiten, 18 Abb., 9 Tabellen, DM 11,20

HEFT 55
Forschungsgesellschaft Blechverarbeitung e. V., Düsseldorf
Chemisches Glänzen von Messing und Neusilber
1954, 50 Seiten, 21 Abb., 1 Tabelle, DM 10,20

HEFT 57
Prof. Dr.-Ing. F. A. F. Schmidt, Aachen
Untersuchungen zur Erforschung des Einflusses des chemischen Aufbaues des Kraftstoffes auf sein Verhalten im Motor und in Brennkammern von Gasturbinen
1954, 70 Seiten, 32 Abb., DM 14,60

HEFT 58
Gesellschaft für Kohlentechnik mbH., Dortmund-Eving
Herstellung und Untersuchung von Steinkohlenschwelteer
1954, 74 Seiten, 9 Abb., 9 Tabellen, DM 13,75

HEFT 59
Forschungsinstitut der Feuerfest-Industrie e. V., Bonn
Ein Schnellanalysenverfahren zur Bestimmung von Aluminiumoxyd, Eisenoxyd und Titanoxyd in feuerfestem Material mittels organischer Farbreagenzien auf photometrischem Wege
Untersuchungen des Alkali-Gehaltes feuerfester Stoffe mit dem Flammenphotometer nach Riehm-Lange
1954, 52 Seiten, 12 Abb., 3 Tabellen, DM 11,60

HEFT 67
Heinrich Wösthoff oHG, Apparatebau, Bochum
Entwicklung einer chemisch-physikalischen Apparatur zur Bestimmung kleinster Kohlenoxyd-Konzentrationen
1954, 94 Seiten, 48 Abb., 2 Tabellen, DM 18,25

HEFT 87
Gemeinschaftsausschuß Verzinken, Düsseldorf
Untersuchungen über Güte von Verzinkungen
1954, 68 Seiten, 56 Abb., 3 Tabellen, DM 15,30

HEFT 88
Gesellschaft für Kohlentechnik mbH, Dortmund-Eving
Oxydation von Steinkohle mit Salpetersäure
Vergriffen

HEFT 108
Prof. Dr. W. Fuchs †, Aachen
Untersuchungen über neue Beizmethoden und Beizabwässer
 I. Die Entzunderung von Drähten mit Natriumhydrid
 II. Die Aufbereitung von Beizabwässern
1955, 82 Seiten, 15 Abb., 14 Tabellen, 1 Falttafel DM 15,25

HEFT 121
Dr. H. Krebs, Bonn
 I. Die Struktur und die Eigenschaften der Halbmetalle
 II. Die Bestimmung der Atomverteilung in amorphen Substanzen
 III. Die chemische Bindung in anorganischen Festkörpern und das Entstehen metallischer Eigenschaften
1955, 124 Seiten, 36 Abb., 13 Tabellen, DM 22,90

HEFT 128
Prof. Dr. O. Schmitz-DuMont, Bonn
Untersuchungen über Reaktionen in flüssigem Ammoniak
1955, 96 Seiten, 11 Abb., 6 Tabellen, DM 17,75

HEFT 132
Prof. Dr. W. Seith, Münster
Über Diffusionserscheinungen in festen Metallen
1955, 42 Seiten, 19 Abb., 4 Tabellen, DM 9,10

HEFT 133
Prof. Dr. E. Jenckel, Aachen
Über einen für Schwermetalle selektiven Ionenaustauscher
1955, 48 Seiten, 8 Abb., 13 Tabellen, DM 9,50

HEFT 134
Prof. Dr.-Ing. H. Winterhager, Aachen
Über die elektrochemischen Grundlagen der Schmelzfluß-Elektrolyse von Bleisulfid in gescholzenen Mischungen mit Bleichlorid
1955, 54 Seiten, 20 Abb., 5 Tabellen, DM 11,80

HEFT 139
Prof. Dr. W. Fuchs †, Aachen
Studien über die thermische Zersetzung der Kohle und die Kohlendestillatprodukte
1955, 64 Seiten, 20 Abb., 22 Tabellen, DM 11,80

HEFT 141
Dr. J. van Calker und Dr. R. Wienecke, Münster
Untersuchungen über den Einfluß dritter Analysenpartner auf die spektrochemische Analyse
1955, 42 Seiten, 15 Abb., DM 9,10

HEFT 149
Dr.-Ing. K. Konopicky und Dipl.-Chem. P. Kampa, Bonn
I. Beitrag zur flammenphotometrischen Bestimmung des Calciums
Dr.-Ing. K. Konopicky, Bonn
II. Die Wanderung von Schlackenbestandteilen in feuerfesten Baustoffen
1955, 54 Seiten, 10 Abb., 5 Tabellen, DM 11,—

HEFT 160
Prof. Dr. W. Klemm, Münster
Über neue Sauerstoff- und Fluor-haltige Komplexe
1955, 50 Seiten, 13 Abb., 7 Tabellen, DM 10,80

HEFT 166
Prof. Dr. M. v. Stackelberg, Dr. H. Heindze, Dr. H. Hübschke und Dr. K. H. Frangen, Bonn
Kolloidchemische Untersuchungen
1955, 106 Seiten, 8 Abb., 13 Tabellen, DM 21,25

HEFT 169
Forschungsinstitut für Pigmente und Lacke, Stuttgart
Arbeiten über die Bestimmung des Gebrauchswertes von Lackfilmen durch physikalische Prüfungen
1955, 70 Seiten, 23 Abb., 4 Tabellen, DM 15,—

HEFT 178
Prof. Dr. M. v. Stackelberg und Dr. W. Hans, Bonn
Untersuchungen zur Ausarbeitung und Verbesserung von polarographischen Analysenmethoden
1955, 46 Seiten, 14 Abb., DM 10,50

HEFT 190
Prof. Dr. A. Neuhaus, Prof. Dr. O. Schmitz-DuMont und Dipl.-Chem. H. Reckhard, Bonn
Zur Kenntnis der Alkalititanate
1955, 60 Seiten, 13 Abb., 1 Tabelle, DM 12,20

HEFT 193
Prof. Dr. O. Schmitz-DuMont, Bonn
Untersuchungen über neue Pigmentfarbstoffe
1956, 50 Seiten, 16 Abb., 8 Tabellen, DM 11,20

HEFT 205
Dr. C. Schaarwächter, Düsseldorf
Über plastische Kupfer-Eisen-Phosphor-Legierungen
1956, 36 Seiten, 10 Abb., 10 Tabellen, DM 8,30

HEFT 219
Prof. Dr. W. Fuchs †, Aachen
Untersuchungen zur Holzabfallverwertung und zur Chemie des Lignins
1955, 54 Seiten, 11 Abb., 15 Tabellen, DM 11,40

HEFT 220
Prof. Dr. W. Fuchs †, Aachen
Die Entwicklung neuer Regel- und Kontroll-Apparate zur coulometrischen Analyse
1956, 76 Seiten, 17 Abb., 23 Tabellen, DM 15,50

HEFT 228
Prof. Dr. F. Wever, Dr. W. Koch, Düsseldorf, und Dr. B. A. Steinkopf, Dortmund
Spektrochemische Grundlagen der Analyse von Gemischen aus Kohlenmonoxyd, Wasserstoff und Stickstoff
1956, 42 Seiten, 18 Abb., 1 Tabelle, DM 9,90

HEFT 229
Prof. Dr. F. Wever, Dr. W. Koch und Dr.-Ing. H. Malissa, Düsseldorf
Über die Anwendung disubstituierter Dithiocarbamate der analytischen Chemie
1956, 44 Seiten, 30 Abb., 5 Tabellen, DM 10,50

HEFT 270
*Prof. Dr. rer. nat. H. Krebs,
Dipl.-Chem. Dr. rer. nat. J. Diewald,
Dipl.-Chem. Dr. rer. nat. R. Rasche und
Dipl.-Chem. Dr. rer. nat. J. A. Wagner, Bonn*
Die Trennung von Racematen auf chromatographischem Wege
1956, 62 Seiten, 18 Tabellen, DM 12,95

HEFT 282
Bergrat a. D. F. Scherer, Bochum
Das B. T.-Schwelverfahren und seine Anwendung auf der Anlage Marienau
1956, 44 Seiten, 7 Abb., DM 9,60

HEFT 287
Prof. Dr.-Ing. habil. K. Krekeler, Aachen
Änderungen der mechanischen Eigenschaftswerte thermoplastischer Kunststoffe bei Beanspruchung in verschiedenen Medien
1956, 62 Seiten, 23 Abb., 5 Tabellen, DM 13,70

HEFT 297
*Dr. phil. C. Schaarwächter und
Dr. rer. nat. W. Schaarwächter, Düsseldorf*
Die Reduktion von Siliziumtetrachlorid im Lichtbogen zur nachfolgenden Silizierung von Eisenblechen
1958, 22 Seiten, 12 Abb., 1 Tabelle, DM 8,20

HEFT 303
Prof. Dr.-Ing. S. Kiesskalt, Aachen
Das Institut der Forschungsgesellschaft Verfahrenstechnik e. V. an der Technischen Hochschule Aachen
1956, 76 Seiten, 20 Abb., 3 Tabellen, DM 16,50

HEFT 309
*Prof. Dr. K. Cruse, Dipl.-Phys. B. Ricke und
Dipl.-Phys. R. Huber, Clausthal-Zellerfeld*
Aufbau und Arbeitsweise eines universell verwendbaren Hochfrequenz-Titrationsgerätes
1957, 48 Seiten, 29 Abb., DM 11,90

HEFT 321
*Prof. Dr. F. Wever, Düsseldorf, und
Dr. W. Wepner, Köln*
Gleichzeitige Bestimmung kleiner Kohlenstoff- und Stickstoffgehalte im α-Eisen durch Dämpfungsmessung
1956, 30 Seiten, 3 Abb., 4 Tabellen, DM 6,80

HEFT 327
*Prof. Dr.-Ing. habil. K. Krekeler und
Dr.-Ing. H. Peukert, Aachen*
Beitrag zur thermoelastischen Formbarkeit von Polyäthylen
1956, 56 Seiten, 49 Abb., 9 Tabellen, DM 12,80

HEFT 367
Dr. rer. nat. D. Horstmann, Düsseldorf
Der Angriff eisengesättigter Zinkschmelzen auf kohlenstoff-, schwefel- und phosphorhaltiges Eisen
1957, 52 Seiten, 22 Abb., 6 Tabellen, DM 12,85

HEFT 372
Prof. Dr. phil. M. v. Stackelberg, Bonn
Untersuchungen zur Ausarbeitung und Verbesserung von polarographischen Analysenmethoden. 2. Bericht
1957, 44 Seiten, 9 Abb., 7 Tabellen, DM 10,10

HEFT 400
*Prof. Dr. phil. W. Fuchs † und
Dr. rer. nat. H. Weyerstrass, Aachen*
Entwicklung eines Heißfilters zur Reinigung von Gichtgas eines mit Kohle betriebenen Niederschachtofens
1958, 88 Seiten, 30 Abb., DM 20,20

HEFT 401
*Prof. Dr.-Ing. M. Lipp und
Dipl.-Chem. G. Frielingsdorf, Aachen*
Darstellung reaktionsfähiger Verbindungen des Camphansystems und Versuche zu deren Fluorierung
1957, 84 Seiten, DM 17,—

HEFT 406
W. Kirsch, Chemieprodukte GmbH., Leverkusen-Rheindorf
Entwicklungsarbeiten auf dem Gebiet des Korrosionsschutzes und der Abdichtung
1957, 76 Seiten, 28 Abb., 11 Tabellen, DM 19,—

HEFT 409
*Prof. Dr. phil. F. Wever, Dr. phil. W. Koch,
Dr. rer. nat. Ch. Ilschner-Gensch und
Dipl.-Phys. H. Rohde, Düsseldorf*
Das Auftreten eines kubischen Nitrids in aluminiumlegierten Stählen
1957, 38 Seiten, 12 Abb., 3 Tabellen, DM 10,10

HEFT 463
Dipl.-Ing. G. Plüss, Essen-Steele
Die Aufteilung der verbrennlichen Bestandteile in Verbrennungsgasen auf CO und H_2 bei Verbrennung mit Luftunterschuß und bei Luftüberschuß und künstlicher Flammenkühlung
1957, 34 Seiten, 7 Abb., 2 Tabellen, DM 8,40

HEFT 485
Prof. Dr. phil. E. Jenckel, Aachen Dr. H. Wilsing, Dormagen, Dr. H. Dörffurt, Wesseling (Bez. Köln), und Dipl.-Phys. H. Rinkens, Eschweiler
Kristallisation der Hochpolymeren
1958, 50 Seiten, 20 Abb., DM 15,70

HEFT 491
Prof. Dr. Fr. Lotze, Münster, und K. Kötter, Essen
Chloridgehalte des oberen Emsgebietes und ihre Beziehungen zur Hydrogeologie
1958, 194 Seiten, 37 Abb., 17 Tabellen, DM 50,80

HEFT 495
*Prof. Dr. phil. Dipl.-Ing. E. Asmus und
Dr. rer. nat. H.-F. Kurandt, Berlin*
Einige analytische Anwendungen der Zincke-Königschen Reaktion
1958, 34 Seiten, 14 Abb., 7 Tabellen, DM 11,45

HEFT 503
Dr. rer. nat. J. Faßbender, Bonn
Untersuchungen über die Eigenschaften von Cadmiumsulfid-Sandwich-Zellen
1957, 36 Seiten, 8 Abb., DM 8,80

HEFT 515
*Prof. Dr. phil. habil. H. E. Schwiete und
Dr.-Ing. Chr. Hummel, Aachen*
Thermochemische Untersuchungen im System SiO_2 und Na_2O-SiO_2
1958, 110 Seiten, 29 Abb., 28 Tabellen, DM 28,—

HEFT 525
*Prof. Dr. Dr. h. c. H. P. Kaufmann und
Dr. F. Weghorst, Münster*
Beiträge zur Chemie und Technologie der Fetthärtung I
1958, 106 Seiten, 26 Abb., 14 Tabellen, DM 26,80

HEFT 540
Prof. Dr. rer. nat. H. Krebs, Bonn
Die katalytische Aktivierung des Schwefels
1958, 64 Seiten, 9 Abb., 4 Tabellen, DM 18,30

HEFT 541
Prof. Dr. O. Schmitz-DuMont, Bonn
Reaktionen in flüssigem Ammoniak zur Gewinnung von 1. Titanylamid, 2. Oxykobalt (III)-amiden, 3. Ammonobasischen Kobalt (III)-benzylaten
1958, 56 Seiten, 11 Abb., DM 16,80

HEFT 568
*Prof. Dr. Dr. h. c. Dr. E. h. Alder†,
Dipl.-Chem. M. Dollhausen und
Dipl.-Chem. M. Fremery, Köln*
Über einige neue Reaktionen des Indens
1958, 64 Seiten, 14 Abb., DM 19,50

HEFT 575
Prof. Dr. phil. habil. C. Kröger, Aachen
Verkokungsverhalten der Steinkohlenmacerale und ihrer Mischungen
1958, 58 Seiten, 18 Abb., 19 Tabellen, DM 18,70

HEFT 576
Prof. Dr. F. Micheel und Dr. H. G. Bussmann, Münster
Untersuchung synthetischer Kohlenhydrat-Eiweißverbindungen mit der Ultracentrifuge bei der Elektrophorese
1958, 146 Seiten, 63 Abb., 13 Tabellen, DM 37,10

HEFT 580
Prof. Dr.-Ing. A. Götte und Dr.-Ing. G. Scholz, Aachen
Unterstützung der Entwässerung von Feinkohle durch chemische Hilfsmittel
1958, 246 Seiten, 28 Abb., zahlr. Tabellen, DM 52,50

HEFT 589
Prof. Dr. phil. habil. C. Kröger, Aachen
Wärmebedarf der Silikatglasbildung
1958, 66 Seiten, 5 Abb., 28 Tabellen, DM 18,70

HEFT 645
Dr.-Ing. W. Kleinlein, Aachen
Das Fließverhalten dispers-plastischer Massen im Walzspalt
1958, 56 Seiten, 24 Abb., 1 Tabelle, DM 15,—

HEFT 653
Prof. Dr. K. Hamann und Dr. W. Funke, Stuttgart
Die Schutzwirkung organischer Inhibitoren in wäßriger Lösung gegenüber Eisen
1958, 72 Seiten, 31 Abb., DM 18,70

HEFT 656
Prof. Dr. E. Jenckel und Dr. H. Huhn, Aachen
Das Verkleben von Aluminium mit carboxylsubstituierten Polystyrolen
1958, 42 Seiten, 16 Abb., 3 Tabellen, DM 11,60

HEFT 666
Prof. Dr.-Ing. K. Krekeler, Dr.-Ing. H. Peukert und Dipl.-Ing. B. Frerichmann, Aachen
Die Infraroterwärmung an thermoplastischen Kunststoffen
1959, 82 Seiten, 77 Abb., 5 Tabellen, DM 22,60

HEFT 685
Prof. Dr. A. Dietzel, Prof. Dr. H. Jagodzinski und Dr. H. Scholze, Würzburg
Untersuchungen an technischem Siliziumcarbid
1959, 42 Seiten, 5 Abb., 9 Tabellen, DM 11,60

HEFT 704
*Prof. Dr. phil. W. Koch, Düsseldorf,
Dr. rer. nat. Chr. Ilschner-Gensch, Essen, und
Dr. rer. nat. A. Khan, Bangalore (Indien)*
Das Verhalten des Phosphors bei der Isolierung
1958, 28 Seiten, 17 Abb., 5 Tabellen, DM 8,90

HEFT 709
Doz. Dr. K.-D. Gundermann unter Mitarbeit von Dr. R. Thomas, Dipl.-Chem. G. Holtmann, Dipl.-Chem. R. Huchting und Dipl.-Chem. H. Rose, Münster (Westf.)
Synthesen mit ε-Chlor-acrylsäure-Derivaten
1959, 82 Seiten, 7 Abb., 11 Tabellen, DM 20,50

HEFT 710
Prof. Dr. phil. M. v. Stackelberg, Bonn
Untersuchungen zum Stoffwechsel der Augenlinse
1959, 40 Seiten, 10 Abb., DM 11,50

HEFT 711
Dr.-Ing. K. Alberti, Köln
Einfluß der chemischen Zusammensetzung des Anmachewassers auf die Festigkeit von Kalkmörteln
1959, 50 Seiten, 4 Abb., 20 Tabellen, DM 13,10

HEFT 727
Prof. Dr. phil. habil. C. Kröger, Aachen
Eigenschaften und chemische Konstitution der Steinkohlenmacerale
1959, 60 Seiten, 27 Abb., 16 Tabellen, DM 16,20

HEFT 780
Prof. Dr. phil. F. Wever, Düsseldorf
Experimentelle Untersuchungen von Walzölen und Walzölemulsionen im Kaltwalzversuch
1959, 68 Seiten, 28 Abb., mehr. Tabellen, DM 18,50

HEFT 807
Dipl.-Chem. K.-H. M. Tillwich, Aachen
Darstellung fluorierter Camphanverbindungen
1960, 51 Seiten, 6 Abb., DM 15,—

HEFT 821
Dr. rer. nat. H. Berge und Dr. rer. nat. H. Dahmen, Agrikulturchemisches Institut Heiligenhaus
Die Anwendungsmöglichkeiten der chemischen Luft- und Pflanzenanalyse zur Beurteilung industrieller Immissionen
1959, 58 Seiten, 19 Abb., DM 16,40

HEFT 843
Dipl.-Chem. W. Schmidt, Dipl.-Chem. E. Köhler und Dipl.-Ing. W. Schmidt
Flammenspektrometrische Alkalibestimmung im Korund
1960, 13 Seiten, 2 Abb., 1 Tabelle, DM 5,50

HEFT 858
*Baudirektor W. Triebel, Viersen, und
Dipl.-Ing. R. Nowak, Frankfurt a. M.*
Herstellung von Schmelzphosphat-Dünger bei hygienischer Aufbereitung und Vernichtung von Stadtmüll
1960, 40 Seiten, 4 Abb., 12 Tabellen, DM 11,50

HEFT 863
Prof. Dr. habil. C. Kröger, Aachen
Das elektrische und Wärme-Leitvermögen von Glasmengen und Glasschmelzen
1960, 59 Seiten, 39 Abb., 12 Tabellen, DM 17,80

HEFT 866
Prof. Dr. F. Micheel und Dr. W. Heinemann, Münster (Westf.)
Eine neuartige Apparatur zur Hochspannungs-Papierelektrophorese
1960, 15 Seiten, 13 Abb., DM 6,70

HEFT 880
Prof. Dr. K. H. Hellwege und Dr. W. Knappe, Darmstadt
Die Festigkeit thermoplastischer Kunststoffe in Abhängigkeit von den Verarbeitungsbedingungen
1960, 63 Seiten, 30 Abb., 8 Tabellen, DM 18,90

HEFT 884
Dr. H. van Haut und Dr. H. Stratmann, Essen-Bredeney
Experimentelle Untersuchungen über die Wirkung von Schwefeldioxyd auf die Vegetation
1960, 64 Seiten, 27 Abb., 1 Tabelle, DM 18,80

HEFT 932
Prof. Dr. E. Jenckel † und Dr. A. Nogaj, Dormagen, Bayerwerk
Die anomale Diffusion in dem System Polystyrol-Toluol
1961, 42 Seiten, 27 Abb., 3 Tabellen, DM 13,50

HEFT 999
Prof. Dr. F. Lotze u. a., Geologisch-Paläontologisches Institut der Universität Münster (Westf.)
Hydrogeologie des Westteils der Ibbenbürener Karbonscholle

HEFT 1001
Dipl.-Phys. Dr. rer. nat. G. Langner, Institut für Elektronenmikroskopie an der Medizin. Akademie, Düsseldorf
Die Informationsübertragung bei der Mikroskopie mit Röntgenstrahlen
1961, 126 Seiten, 7 Abb., DM 37,—

HEFT 1015
Dr.-Ing. K. Konopicky, Dipl.-Chem. E. K. Köhler, Forschungsinstitut der Feuerfest-Industrie, Düsseldorf
Die Veränderung der keramisch-technologischen Eigenschaften und des Mineralaufbaues verschiedener Töne beim Brennen

HEFT 1046
Dr. R. Haug, Forschungsinstitut für Pigmente und Lacke e. V., Stuttgart
Die Bestimmung des Agglomerationszustandes von trockenen und dispergierten Pigmenten und dessen Zusammenhang mit anwendungstechnischen Eigenschaften

HEFT 1051
Dipl.-Ing. A. Puck, cand. ing. H. Bossel, cand. ing. W. Heit, Deutsches Kunststoff-Institut, Darmstadt
Festigkeit und Steifigkeit von Papierwaben bei Druck- und Schubbeanspruchung

Ein Gesamtverzeichnis der Forschungsberichte, die folgende Gebiete umfassen, kann bei Bedarf vom Verlag angefordert werden:
Acetylen / Schweißtechnik - Arbeitswissenschaft - Bau / Steine / Erden - Bergbau - Biologie - Chemie - Eisenverarbeitende Industrie - Elektrotechnik / Optik - Fahrzeugbau / Gasmotoren - Farbe / Papier / Photographie - Fertigung - Funktechnik / Astronomie - Gaswirtschaft - Hüttenwesen / Werkstoffkunde - Kunststoffe - Luftfahrt / Flugwissenschaften - Maschinenbau - Medizin / Pharmakologie / NE-Metalle - **Physik** - Schall / Ultraschall - Schiffahrt - Textiltechnik / Faserforschung / Wäschereiforschung - Turbinen - Verkehr - Wirtschaftswissenschaft.

If you have any concerns about our products,
you can contact us on
ProductSafety@springernature.com

In case Publisher is established outside the EU,
the EU authorized representative is:
**Springer Nature Customer Service Center GmbH
Europaplatz 3, 69115 Heidelberg, Germany**

Printed by Libri Plureos GmbH
in Hamburg, Germany